像运动员一样思考

如何将不可能变为可能

（英）诺埃尔·布瑞克（Noel Brick）
（美）斯科特·道格拉斯（Scott Douglas）　/ 著

李海燕　王秦辉 / 译

THE
GENIUS OF
ATHLETES

WHAT WORLD-CLASS COMPETITORS KNOW
THAT CAN CHANGE YOUR LIFE

机械工业出版社
CHINA MACHINE PRESS

当你在工作中遇到瓶颈、业绩很难突破，在生活中感觉很难与人相处，面对生命中一次次的挫折和挑战，你经常怀疑自我，进而焦虑不安、心生恐惧，最终迷失了自我。其实，运动员在赛场上也会像我们一样面临这些问题，那么，那些顶尖的运动员是如何解决这些问题、实现自我蜕变的呢？

本书通过对顶尖运动员的心理活动的研究，总结出了运动员思维，教你做出赢家的选择。本书共分两部分。在第1部分，作者介绍了运动员让自己处于最佳状态所需要的5个关键心理工具。这些心理工具能够帮助运动员设定并实现目标、调节情绪、增强专注力、改变自我暗示、增强自信。无论是在工作还是生活中，应用这些心理工具，对我们追求个人最佳表现、晋升或任何奋斗目标都大有裨益。在第2部分，作者介绍了具有挑战性的常见阶段，并对利用何种工具组合能够帮助你顺利通过每个阶段进行了说明。无论你的人生凤愿是什么，学会像运动员一样思考定能让你在凤愿得偿的道路上如虎添翼。

北京市版权局著作权合同登记 图字：01-2021-4930号。

图书在版编目（CIP）数据

像运动员一样思考：如何将不可能变为可能 /（英）诺埃尔·布瑞克（Noel Brick），（美）斯科特·道格拉斯（Scott Douglas）著；李海燕，王秦辉译. —北京：机械工业出版社，2022.4（2025.4重印）

书名原文：The Genius of Athletes：What World-Class Competitors Know That Can Change Your Life

ISBN 978-7-111-70460-7

Ⅰ.①像… Ⅱ.①诺…②斯…③李…④王… Ⅲ.①成功心理-通俗读物 Ⅳ.①B848.4-49

中国版本图书馆 CIP 数据核字（2022）第 051000 号

机械工业出版社（北京市百万庄大街22号 邮政编码100037）
策划编辑：坚喜斌　　　　　责任编辑：坚喜斌　侯振锋
责任校对：薄萌钰　张　薇　　责任印制：张　博
北京联兴盛业印刷股份有限公司印刷

2025年4月第1版·第5次印刷
145mm×210mm·7.875印张·1插页·172千字
标准书号：ISBN 978-7-111-70460-7
定价：59.00元

电话服务　　　　　　　　　网络服务
客服电话：010-88361066　　机 工 官 网：www.cmpbook.com
　　　　　010-88379833　　机 工 官 博：weibo.com/cmp1952
　　　　　010-68326294　　金 书 网：www.golden-book.com
封底无防伪标均为盗版　机工教育服务网：www.cmpedu.com

献给 P. F. 史密斯（P. F. Smyth）博士

一个灵魂人物和行动楷模

他无私地分享了他在运动心理学上的造诣

这是本书的理论基石

前　言

愚蠢的运动员该隐退了。

我们不是在特指某一个运动笨蛋。我们指的是认为运动员们都头脑简单的这种刻板印象，即运动员们肌肉发达、头脑简单，在训练和比赛中大脑空空，只是靠着发达的肌肉往前冲。但事实的真相却是，顶尖的运动员一直在动脑思考。正如我们将在本书中所看到的，他们会因所处状况大不相同而产生各种具体的想法，但是他们想要实现的目标是一致的："我怎样才能最好地利用我的身体和精神资源来最大限度地发挥我的长处？"那些经常能找到正确答案的人往往是同辈中的佼佼者。

当然，如果你经常锻炼身体，你在运动时也会有各种想法。但是，这些想法总能帮你获得成功吗？本书的作者之一诺埃尔·布瑞克（Noel Brick）在研究过程中发现，精英运动员都无一例外地使用一些重要的心理工具。其思考方法远比运动员常有的那些自以为是的想法复杂得多。顶尖运动员在评估当前状况、与自我对话，甚至在对时间的看法上都有自己独特的方式。他们有一个装满"心理技巧"的工具箱。他们知道在面对训练和比赛中的困境时使用哪个工具能让自己游刃有余。

对我们来说，好消息是，这些心理工具和技术是可以通过学习获得的。我们将在本书中看到，世界顶级的运动员在多年的个人运动生涯中不仅会使用这些工具，而且还会向其他运动员、教练和运动心理学家学习如何更好地使用这些工具。本书将显著地减少你学习使用这些工具的过程中的波折。你会发现，像顶级运动员一样思考可以真正地改变游戏规则。我们会向你展示哪些工具最有效，以及在一些典型的困境中如何充分利用这些工具。比如，当你开始要做一些似乎力所不及的事情时，当你挣扎着想要继续保持前进的动力时，当你想要退出时，等等。这些工具是成功的关键，无论是当你身处困境的某一个时刻，还是贯穿你的整个职业生涯。

实践出真知

一旦你学会了这些心理工具，就可以在日常生活中使用了。在本书的后半部分，你会听到运动员们，无论是奥运会选手，还是日常生活中跑步锻炼的人们，已经把这些心理工具应用于各种非体育活动上：在大型金融机构带团队、与癌症抗争、在学校中取得优异成绩、帮助社区度过公共卫生危机、让初创企业发展壮大，等等。

体育运动可以让我们学到许多重要的技能，它们是在现实生活中前行所必须掌握的。体育运动可以教会我们如何去设定目标、实现目标、解决问题、应对压力、管理情绪、在出错后重新找回专注力、建立自信等。[1]通过参加体育运动，会让我们逐渐懂得欣赏付出、毅力和团队合作的价值。我们会去尊重他人，并为自己的行为负责。研究发现，这些通过参与运动学会的个人和社交技能，会让我们在生活的诸多方面受益良多，即使没有一个有爱心的教练或体贴的父母明确地指导我们。[2]

此外，要想获得体育运动的成功，就要展示出特定的品质，比如，完成一场马拉松需要跑马者信守承诺，在一场紧张的篮球比赛中需要球员控制情绪，在巴西的整个柔术比赛中需要运动员坚持不懈，从而让我们获得一些重要的生活技能。[3]人们逐渐深入了解如何把体育转化为生活技能，并为此创建了许多项目。这些项目重点明确，即利用体育和通过体育来培养心理技能，从而让不同年龄的人获得生活技能。

例如，总部设在美国的非营利性组织"女孩向前冲"（Girls on the Run），是为 3~8 年级的女孩，提供一个利用跑步等体育活动来培养其学习和生活技能，从而促进其身心健康的平台。[4]还有一个为 3~5 年级女孩量身定做的项目，也叫"女孩向前冲"，旨在培养这些女孩如何去设定目标、管理情绪、表达感受、捍卫权利等。在完成 10 周的项目训练后，女孩们认为她们的重要生活技能有所提高，包括控制情绪的能力。例如，如果感到沮丧或愤怒，她们能让自己先平静下来，再去解决矛盾和分歧；她们在捍卫自己的权利时，会对重大决策进行思考。[5]而且这些培训带来的好处还会持续下去。项目结束后 3 个月，当研究人员跟进调查时，项目参与者会说，她们所提高的这些生活技能被保留了下来，即使她们在这段时间里并没有继续去上相关课程。[6]

让我们来看看"超前游戏"（Ahead of the Game）项目。这个在澳大利亚开展的项目，旨在通过体育俱乐部的形式来培养 12~17 岁的男孩的心理健康。[7]该项目是专门为符合该年龄段的男孩们开发的，它由两部分组成。第一部分为"帮助同伴"系列工作坊，旨在为参与者提供心理健康教育培训，让他们了解如何识别抑郁和焦虑的蛛丝马迹，并鼓励他们了解如何自救和他救。第二部分为"你的运动成就之路"工作坊，旨在为参与者提供一系列简明的在线模块，向男孩们传授精英运动员所使用的心理技能（这也是本书所要揭示的），以期战胜那些不利事件，提高其适应能力。[8]这些心理技能包括解决出现的问题、重点关注可控行为、管理思想和情绪等。参与者受益于这些技能，不仅体现在体育运动中，更多地体现在日常生活中，提高了他们对心理健康迹象的认识，增加了他们自身的幸福感，提高了心理应变能力。[9]

还有些项目则重点向人们讲授如何在非运动环境下使用优秀体育运动健将们的心理技能。这些项目表明，即使是那些没有从事体育运动的人，通过学习这些技能也可以改善他们的生活。例如，在英国的伯明翰开展的为期 10 周的"我的生活力量训练"（MST4Life）项目，它由伯明翰大学的研究人员领导实施。[10]

该项目是与英国西米德兰兹郡的青年慈善机构圣巴兹尔合作开发的，关注的是那些未就业、未求学、未培训的年轻人，旨在帮助那些无家可归的年轻人培养生活技能，并在此过程中培养其适应能力，增强其自身的成就感和幸福感，以期最终重新融入社会。该项目活动包括我们在本书附录 1 中介绍的优势规划训练（strengths-profiling exercise），旨在提高对个人心理优势的认识，通过每周随访环节来培养参与者的心理技能，比如设定目标、对如何克服挑战进行事先计划、管理情绪、处理压力事件，并构建适应能力。[11]对该项目的最近一次评估表明：当年轻人意识到自己的性格优势时，他们的适应能力、自我价值和幸福感等都会增加。[12]换句话说，当你更加了解自己的长处和短处，并通过使用本书中介绍的心理工具加以培养，会对你生活的诸多方面产生巨大影响。我的生活力量训练项目已经证明，要从中受益，并非一定要成为一名成功的运动员，而只需要学会如何像一名成功的运动员那样去思考就可以了。

工具及其最佳用途

我们喜欢把这些心理技能看作工具箱中的工具。与使用任何工具箱里的工具一样，你要知道使用它们的两个关键问题：每个工具的使用方法，以及使用某个工具的最佳时间。

本书的编写就是以此为依据开展的。在第 1 部分，我们将介绍运动员让自己处于最佳状态所需的 5 个关键心理工具。这些心理工具能够帮助运动员设定并实现目标、调节情绪、增强专注力、改变自我暗示、增强自信。这些事情听起来似乎很平常，但是我们会看到，成功的运动员使用这些工具的方式却非同寻常。在第 2 部分，我们将介绍具有挑战性的常见阶段，并对利用何种工具组合能够帮助你顺利通过每个阶段进行说明。

我们想再次强调，第 2 部分中的场景不仅适用于运动，还适用于日常生活。无论诺埃尔和斯科特·道格拉斯（Scott Douglas）在各自的职业生涯中成就如何——对于诺埃尔来说是获得博士学位，其研究成果被广泛引用；对于斯科特来说，其著作荣登《纽约时报》畅销书排行榜——这些成就在很大程度上都源于各自所获得的心理学工具，并且通过坚持运动来磨炼这些心理工具。

当你了解这些心理工具及其使用方法时，你也许会发现你会把自己面对困境时所采取的方式与顶尖运动员所采取的方式进行比较。这种反思会让你受益。如果你想更深入地探索自我，在附录 1 中有一个有趣的练习，它基于我们前面提到的优势规划工具。它会让你更深入地了解自己的心理品质以确定哪些是优势、哪些是劣势，并通过学习和应用不同的策略加以改进。在阅读本书的过程中，你可以随时自由地进行优势规划。

我们很高兴有机会来分享如何运用运动员的思维方式做出让人生受益的改变。让我们出发吧！

目 录

第1部分

认知策略
的工具箱

第 1 章

成功从这里开始

设定目标和努力实现目标的工具

世界著名生物学家贝恩德·海因里希（Bernd Heinrich）因在大黄蜂如何分享食物、彼此没有亲缘关系的乌鸦如何交流等方面的研究而闻名。然而，在我们看来，他最重要的贡献之一是提出了一个无法被人们证明的理论。

早在克里斯托弗·麦克杜格尔（Christopher McDougall）向人们普及长跑在人类进化过程中起到了重要作用的畅销书《天生就会跑》（*Born to Run*）问世之前，海因里希曾出版了一本名为《我们为什么跑步》（*Why We Run*）的书。这本书的原名是《与羚羊赛跑》（*Racing the Antelope*），这更能表达海因里希的中心思想：人类始祖的狩猎史，追逐猎物直到它摔倒在地，持久地影响着我们的思维方式。"追求长期目标是我们心理进化的结果，因为在数百万年的岁月里，这是我们糊口的大事。"[1]海因里希写道。

在这个观点中，一个完整的人就意味着要朝着具有挑战性的长期目标努力。海因里希称它们为"替代性追逐"（substitute chases）。对他来说，这意味着追逐科学研究以及分别保持 100 公里和 100 英里的美国跑步纪录等方面的成就。你的替代性追逐可能是任何体育活动以及雄心勃勃的人生目标，如获得一个学位、开发一个新产品、创造一件艺术品等。

通常，我们的问题不在于设定目标。做做白日梦既轻松又有趣。许多人会发现，通过持续努力来实现这些目标要比设定目标困难得多。我们将看到，运动员一开始就在设定目标、专注于目标、坚持正确的方向等方面抢占了先机。通过这样做，他们就设置了一个舞台，利用自己特殊的思维能力来实现这些目标。在本章中，我们将讨论如何在替代性追逐的两个阶段都取得成功：设定目标和努力实现目标。

并非所有的目标都同等重要

让我们先来介绍一些设定目标的基础知识。当我们思考个人目标以及为实现目标所需要采取的所有行动时，可以把这些目标分成彼此相关的三类：结果目标、业绩目标和过程目标。

结果目标强调我们的野心和我们行动的最终结果。比如，赢得一场比赛、大学毕业或者减肥成功。

业绩目标会帮助我们实现这些结果目标。赢得一场比赛或大学毕业需要我们表现出一定水平，比如执行个人最佳的时间安排、获得毕业所需要的考试成绩。同样，我们也可能会给自己的减肥目标设定一个数值。通过业绩目标，我们知道如何采取行动，让我们有一个标准可以来衡量自己的进步。如果这些目标是现实并且可实现的，那么这个目标就是有效的。

过程目标是我们为让自己的表现达到某种水平而需要完成的工作，而一定的表现水平就会实现结果目标。把过程目标看作是我们的基石——我们的准备、思考、对自己所说的话，以及为了让自己的表现达到某个水平而身体力行的努力。

到目前为止，这些听起来可能都是耳熟能详的说法。毕竟，大多数人在生命中的某个时刻都曾设定过这样的目标。但需要注意的是：虽然我们都会设定目标，并为实现这些目标而去努力，但是大多数人只会关注结果目标和业绩目标。当我们只专注最终结果（结果目标）时，就会忽略为实现这些目标我们所需要采取的步骤（过程目标）。在某种程度上，这就像没有做路线规划就匆忙上路的一场旅行。正因为如此，我们设定的许多目标在旅程一开始就结束了。这不是顶尖的运动员的行事方式。

尽管结果目标可以激励人们去努力，但它们比过程目标要更加难以控制。因此，当我们执行任务时，过多地考虑结果目标会让我们焦虑和分散注意力。[2]想象一个高尔夫球手告诉他自己"我必须一击入洞才能获胜"，或者一个坐在考场里的学生盘算着考试通过与否对自己产生的影响。这两种情况都是关注最终结果，这样做会带来紧张感，往往会减少成功的机会。

相比之下，顶尖运动员则专注于比赛过程，他们的行动会分步骤进行，从而实现雄心勃勃的目标。如果高尔夫球手和考场上的学生也要采用这种方法，那么他们就要使用一些心理策略，让自己在当下时刻不再焦虑但又能保持专注度。这样做更能让自己的表现处于最佳的状态，从而有机会取得最心仪的好成绩。

本书将重点介绍这些心理转变的过程，也会介绍一些心理工具，让你在压力下保持冷静和专注并建立自信心，以及当内心的声音在说"我做不到"时如何让自己保持积极的心态。我们在整个职业生涯中都对成功运动员的思考方式颇感兴趣，并从其思考方式中受益。此外，我们还对运动员的思考技能如何才能应用到生活中的其他领域颇为好奇。这两点促使我们撰写了本书。

为了找到问题的答案，我们为自己设定了学习目标。[3] 也就是说，重点学习专业运动员为表现卓越和取得非凡结果而采取的每一步举措。我们建议你也这样做，在我们逐一展示那些针对成功运动员的研究成果以及与之交谈过程中的发现时，与我们一起踏上旅程。同时，我们会探索如何将这些策略应用于诸多的生活领域。既有在前面列出的人生抱负，又有我们满怀期待却无法实现的日常挑战，比如，更经常地锻炼身体，选择更健康的食物，在工作中谈吐更加自信。不管你的最终目的地是什么，也无论你的目标多么远大，但千里之行始于足下。

任务切块：迈出你的第一步

许多运动员将结果目标、业绩目标、过程目标和学习目标组合在一起使用。但他们也会把一些长期的大目标转化为一系列更易于管理的短期目标或小目标。让我们以获得高尔夫大赛三届冠军的罗里·麦克罗伊（Rory McllLory）的方法为例。

你设定目标的方式有很多种。你可以设定以结果为导向的目标（结果目标），这是一个长期目标，你也可以设定一些短期目标来帮助你实现这个长期目标。所以，与其说"我想要在大赛中获胜"，我会说"有哪些因素能帮我赢得大赛冠军（过程目标），我需要如何改进才能胜出（学习目标）"[4]。

在心理上把更大、更难实现的目标进行分解的方法就是使用切块技术。与麦克罗伊制定短期目标的策略类似，我们通过任务切块来设定小目标。当这些小目标拼凑在一起时，我们就会实现长期抱负。

即使是有经验的运动员也要专注于细小的步骤，这能让潜在的巨大任务看上去更加可控。我们很欣赏一位奥运会马拉松运动员所采取的方法，他接受了诺埃尔的采访，其研究议题为优秀的马拉松运动员在比赛中如何思考。

你不能站在马拉松比赛的起跑线上，想着"我今天要跑26.2英里"。你会发疯的！所以我把它分成很多小块。我把它分成5英里的小块。我会想，"当跑到10英里时我会有什么感觉？"尤其是在半程马拉松（长度为13.1英里）中，我会在8英里的地方对自己说"我快跑到10英里了"[5]。

罗里·麦克罗伊和这位奥林匹克运动会马拉松项目的运动员，

他们会把短期目标和长期目标结合起来，这与只专注于更大的长期目标相比，能让自己表现得更好。[6] 研究发现也支持这种做法的正确性。设定和实现短期的小目标可以提高我们的信心、增强我们的长期耐力，因为这样做能让我们知道自己正在取得良好的进展。这种积极反馈所起到的作用，是当我们只设定更遥远的长期目标时所无法实现的。[7]

不过，我们要对任务切块持有审慎的态度。一方面，当我们达到一个小目标时，我们可能会变得沾沾自喜，从而缺乏实现长期目标的动力。而结果目标是目标设定中的一个重要组成部分，其解决方法是要经常提醒自己，短期目标只是我们实现心中所渴望的更大、更加宏伟的目标的一部分。

另一方面，缺乏小目标可能会降低我们的积极性，让我们觉得自己无法实现更大的抱负。在这种情况下，小目标能让我们将注意力集中在较小的蓝图上，灵活地调整我们的目标，设定新的业绩目标、过程目标或学习目标来帮助我们回到继续实现结果目标的轨道上。[8]

别光想，还得写下来

尽管大多数人都会设定目标，但对许多人来说，这些抱负只存在于大脑里。我们会在脑海中想象某些目标，但是并没有把它们写下来。但正如运动员们所知道的，写下我们的目标是一个强大的自我激励工具。

以一位名叫里奇·麦考（Richie McCaw）的新西兰人为例。20

世纪八九十年代，麦考在奥塔哥北部长大，他与同龄的新西兰孩子的抱负很相似。17岁时，他是一名才华横溢的橄榄球联盟球员，他的梦想是未来能成为一名全黑队（新西兰国家队）的队员。想要获得全黑队队员的身份，绝非易事。在新西兰，有超过15万名注册橄榄球协会的运动员，约占新西兰人口的3%。而在那些与新西兰互为竞争对手的橄榄球联盟国家里，如南非、爱尔兰、英国、澳大利亚，相应的数字仅为1%。[9]

当麦考和家人讨论他的梦想时，他的叔叔约翰·麦克雷（John McLay）让他写下成为一名全黑队队员所需要采取的步骤。在1998年的一天下午，麦考和麦克雷坐在一家餐厅里，在餐巾纸上写下了一系列的职业生涯里程碑。[10]其中包括在1999年年底前参加新西兰19岁以下年龄组比赛，紧接着是在2001年代表新西兰21岁以下年龄组的一方参赛。他还将目标锁定在超级橄榄球赛事上（这是最高级别的俱乐部赛事），在2003年前加入坎特伯雷十字军队（Canterbury Crusaders）。如果他能实现每一个里程碑，他的目标就是到2004年成为一名全黑队队员。

但为什么要停下来呢？麦克雷引导他的侄子，向这个少年提出了更高的梦想目标。他敦促麦考在设定目标时，不只是要成为一名全黑队队员，而是要成为一个伟大的全黑之王，跻身于代表新西兰的最棒的球员之列。麦考感觉像叔叔建议的那样写下"伟大的全黑之王"（Great All Black）让自己太尴尬了，他没有这样写，而是把自己的终极抱负以缩写的形式写在了餐巾纸的末端——"G. A. B."。

要参加国际赛事就要先经历148场比赛，麦考在对爱尔兰的比赛中首次以全黑队队员的身份登场，这发生在2001年，早于预计的时间。在 2015 年退役之前，他作为新西兰国家队队长赢得了两次橄榄球世界杯赛冠军，并三次被选为世界橄榄球年度最佳球员。他还是橄榄球赛获胜次数最多和参赛次数最多的队长。人们普遍认为他是最伟大的全黑队队员。[11]

他的进步凸显了目标设定的价值，大多数人忽略了这个原则，但许多成功的运动员却坚持这样做——写下来。[12]绘制你的短期目标和长期目标将为你提供前进的方向，尤其是当事情发展并非你所希望的那样时。正如我们将在第 2 章中所看到的，麦考的进步以及他所有全黑队队友所取得的进步，并没有他的这个故事的浓缩版本所讲述的那么一帆风顺和畅通无阻。

我到底能有多棒

里奇·麦考的大部分职业目标都遵循了目标设定的专家建议。这些目标具体而且富有挑战性，但又不太现实，无法衡量，也没有时间期限。[13]例如，"在 1999 年年底前参加新西兰 19 岁以下年龄组比赛"的目标满足了所有那些适用于天才少年的标准。这也有助于麦考关注为了达到这个水平他需要做什么。

然而，最有趣的目标可能是成为"伟大的全黑之王"这一雄心。毕竟，怎么衡量"伟大"？又怎么知道什么时候能实现呢？你可能会联想到"追逐伟大"（Chasing great，2016 年麦考生涯纪录片的标题），这是一场没有终点线的比赛，是对梦想孜孜不倦的追求，而这超越了梦想本身。

但也许这就是重点。努力实现我们目前来看无法触及的固定目标可能会让人感到喘不过气。但对于一个 17 岁的孩子来说，模糊地定义"伟大的全黑之王"，并找到实现这一雄心壮志的自我成长之路，其负担比某一个特定的标准要轻得多，如"比历史上任何运动员赢得的比赛都多"。最终的目的地可能是一样的，但是在旅途中的感觉不一样。在这种情况下，瞄准一个雄心勃勃的固定目标会产生太大的压力，设定一个灵活的开放式目标（没有具体的或衡量标准的终点）会更有助于目标的实现。

关于开放式目标的研究还处于起步阶段，但是关于它对我们的感受和表现的影响的研究成果是令人兴奋的。[14] 在首批对开放式目标的研究中，有一项研究要求 78 名健康的成年人完成 3 次每次 6 分钟围绕篮球场四周徒步走的测试。在第一次步行完成后，研究人员记录下了每个人的基线距离。随后，参与者被随机指派任务：一个具体的业绩目标（要求参与者第二次步行时要比第一次多走 16.67% 的距离，而第三次步行时要在第二次的基础上再多走 8.33% 的距离）；或者一个开放式的业绩目标（在第二次和第三次步行中，参与者看看自己在 6 分钟内到底能走多远）；或者一个尽力而为的目标（就像你猜到的那样，参与者要在第二次和第三次步行时，在 6 分钟内尽力走得远些）；或者没有目标（参与者被要求以正常步速行走）。

三个有目标的小组都比没有目标的小组在第二次和第三次步行时走得更远，这也许并不让人感到奇怪。但是，有目标的三个小组在步行的总距离上并没有差异。然而，重要的区别在于每个小组的感受。对于给予具体目标的参与者来说，他们在每次步行时实现目标的压力要大于其他有目标的小组。相反，对于给予开放性目标的小组，他们对徒步的兴趣要高于其他小组。对于那些想多锻炼身体、保持更健康状态的人来说，这个研究结果很重要。对自己所做的事情感兴趣的人比那些觉得自己"应该"去做的人，更可能获得成功。

在 2020 年开展的一项后续研究发现，不经常锻炼的参与者在开放性目标（与具体目标相比）下 6 分钟内步行的距离最远，并能够获得更多的愉悦感。[15] 相反，积极的个体（在日常生活中有规律地行走的参与者）当被设定具体的目标时，走得距离更远，并感到更愉悦。

总的来说，这些研究表明，为达到一个固定的、标准的、特定的目标让我们感到有压力。这并非坏事，这种压力会激发有经验的践行者，如第二次步行研究中活跃的步行者，他们表现出了更高的水平。

但对于经验不足的人来说，开放性目标会减少压力感，增加运动的愉悦感，提高表现水平。当我们踏上实现梦想或艰难目标的征程时，特别是当这个目标似乎遥不可及时，尤其如此。在这种情况下，集中精力设定一个开放性目标，看看它会把我们带向何处，也许是更好的策略。

正如我们将在第 3 章中探讨的，研究人员也发现具体目标和开放性目标都能帮助运动员进入那种罕见的巅峰表现的"全神贯注"状态。我们的收获是：哪种类型的目标最适合，这取决于我们所处的环境。

注意差距

尽管这些目标设定策略很重要，对目标进行切块、写下来、知道设定何种目标，但这些都只是目标实现过程的开始。我们设定了一个好的目标，并不意味着我们会实现它。更常见的情况是，我们从未开始行动去实现目标或者在前往最终目的地的途中脱离轨道。[16] 我们没能注意到设定目标和实现目标之间的差距。在本章的后半部分，我们将探讨成功运动员用于起步和实现目标的策略。这些策略均有证据支持。

如果－那么计划法

第一个目标实现技巧出奇地简单但行之有效。我们经常不能按自己的意愿行事的原因之一是我们在某些情况下会做出错误的选择。例如，我们推迟学习计划，尽管我们的目标是通过考试；或者面对甜点禁不住诱惑，尽管我们的目标是吃得健康和减肥。认识到这些问题后，一位德国心理学教授彼得·高尔维茨（Peter Gollwitzer）提出了一个基本的心理工具，以帮助人们在面对挑战时做出新的反应。他称之为"如果－那么计划法"（if-then planning），并将其表述如下："如果出现情况 X，那么我将执行响应 Y。"[17]

"如果－那么计划法"的关键是，在任何情况下，我们都可以把做出的反应与努力实现的目标联系在一起。不要只是说"我要读这本书"或"我想吃得更健康"，"如果－那么计划法"告诉我们将在何时、何地、如何采取行动。这些情况有可能是机会，如拥有安静的时间去阅读和反思；也有可能是障碍，如被垃圾食品诱惑。

现在举一个与"如果－那么计划法"有关的佳例，以说明在面对严峻的形势时应该如何思考和行动。这个例子来自美国堪萨斯城酋长队的四分卫帕特里克·马霍姆斯（Patrick Mahomes）。2020 年，酋长队以 31∶20 的比分赢得了第 54 届超级碗（Super Bowl LIV）。令人印象最深刻的是他们获胜的方式。旧金山 49 人队在第 3 节末以 10 分的优势领先，但酋长队在最后一节的比赛中完成 3 次达阵，其中 2 次是马霍姆斯的传球。他自己承认，在这一点上他在比赛中的表现并不好。

在 2017 年，第 54 届超级碗的三年前，马霍姆斯在美国橄榄球联盟（NFL）的求职信草稿中似乎预言了在那场比赛中他对所发生事件的反应。以下是节选：

在聚光灯下的橄榄球赛会面对各种因素，展现在 60 000 人面前。不管在什么情况下，你要让你的队员保持动力，并要下定决心让你的团队在第 4 节从看似确定的失败中扭转乾坤。

在红色区域尽你所能去施展自己的水平。有时比赛过程中会出问题，你必须要想办法。

我并不完美。但橄榄球并不总是完美的。它运行的方式并不总是如你所愿。[18]

"不管发生什么情况"，比如进入最后一节时比分落后，就属于"如果"部分。而让队友们积极进取，以坚定的态度踢球，则属于"那么"部分的行动。就像马霍姆斯所计划的那样，如果他遇到那种情况，他会采取怎样的行动。像这样专注于有用的过程会让我们有机会实现期望的结果。

我们可以把从马霍姆斯的例子中学到的思维策略应用于日常生活。我们可以计划如何应对挫折或诱惑，而这些挫折或诱惑可能会破坏我们的奋斗目标。"如果-那么计划法"已被证明对改变饮食习惯非常有效。例如，那些渴望吃不健康的零食的人可以制定一个应对策略，"如果我想到不健康的零食，那么我会分散自己的注意力，做一些其他的事儿"。[19]

但也许这些场景有点过于缺乏新意。毕竟，我们可以预见在实现目标的过程中的一些障碍。在最后一节输掉一场比赛是意料之中的，就像面对欲望的挑战一样。但在这里，我们也可以向运动员学习。规划一些不太好预测的"如果-那么"时刻，这是有经验的运动员经常做的事儿。通常，它包括如何训练自己的想法和行动（过程），以回应带来挑战的事件。像这样的有效计划不仅能让运动员保持专注，做出更好的决定，也能帮助他们在遇到意外的困扰时避免惊慌失措。

制订"如果-那么"计划的例子之一，来自美国游泳运动员迈克尔·菲尔普斯（Michael Phelps）。他是历届奥运会中的最佳游泳运动员，在其运动生涯中荣获了 28 枚奥运奖牌，包括 23 枚金牌。在准备比赛的每天晚上，菲尔普斯都会想象积极和消极的情景（如果），并在脑海中练习他的想法以应对每一种情况（那么）。此外，他的教练鲍勃·鲍曼（Bob Bowman）也会在训练或者一些不太重要的比赛中，给菲尔普斯制造挑战（如果）以训练他的反应（那么）。

正如在《黄金法则》（*The Golden Rules*）一书中所述，在澳大利亚的世界杯赛前，鲍曼有一次故意踩碎了菲尔普斯的泳镜。[20]菲尔普斯没有注意到他的泳镜坏了，当他跳进游泳池时，眼镜中突然开始注水。

菲尔普斯没有让这个故障影响他。相反,他通过计算自己的划水次数来应对这个麻烦。这个策略是鲍曼和菲尔普斯在训练中开发的,以了解到底需要划水多少次才能游完一个游泳池的长度。故意踩在菲尔普斯的泳镜上就像一个毫无意义的练习,但鲍曼相信运动员需要随时准备好应对任何"如果 - 那么"的情况,而这些情况是他们可能会在更重要的比赛中遇到的。换言之,如果在比赛中发生了这种意想不到的事情,记得数一数划水次数,这会让菲尔普斯专注于快速游泳的过程,以应对这个突发状况。

同样的状况发生在菲尔普斯职业生涯中一场重大赛事中,那是在 2008 年奥运会的 200 米蝶泳决赛中。在比赛进行中,菲尔普斯的泳镜出现裂痕并开始漏水。因此,他看不到游泳池底部的泳道标志、游泳池尽头的墙或者他的对手所在的位置。实际上,他突然在一片黑暗中游动。但菲尔普斯没有惊慌失措,而是保持冷静。就像他之前在澳大利亚的那次一样,他开始在最后一圈计算他的划水次数,因为他知道自己游完一个泳池长度需要划水 21 次。他在中途加速,在 21 次划水后到达了终点。结果如何?又一枚金牌和一项世界纪录!

正如马霍姆斯和菲尔普斯的故事所揭示的,"如果 - 那么计划法"在帮助我们克服困难阻碍方面效果奇佳。这种方法让我们在出错时能够表现出最佳状态。不仅在激烈的竞争中会出错,在日常活动中也会出错,比如备考、选择更健康的食物、坚持锻炼计划或者启动一项工作项目等。对于其中任何一次困难,我们都可以通过制订一个有效的计划以最好的方式来应对。现在,你可能在反思那些让你偏离实现目标轨道的不利事件。写下这些情况并制订建设性的计划，这可以确保你一直走在实现抱负的道路上。

表1-1提供了执行此类操作的句型结构。在第一列中填写每个"如果"，在第二列中写一个合适的"那么"，即你想要应对相应情况的方式。我们已经填写了两个例子来帮你开始。第一行是当你计划自己的阅读或学习活动时应对方法。第二行是为应对不健康零食的诱惑可以采取的解决方案。

表1-1 "如果—那么"的句型结构

机会/障碍（如果……）	更有效的回应（那么……）
如果我傍晚在家里独处	那么我会关掉电视，并阅读书中的一个章节
如果我想吃一个不健康的零食……	那么我就喝点水/吃点水果/出去走走/刷牙

还有一种情况，与运动场景和非运动场景都有关，诺埃尔发现"如果-那么计划法"会让学生或运动员在做报告时受益。有时他想问观众们一个试探性的问题，要求观众中的每一个人在回答前都要花些时间去仔细思考。对于学生来说，这个问题可能是一个具有挑衅性的演讲主题。对于运动员来说，这个问题可能是在面对困难时的想法和感受。

通常，在问完问题后，诺埃尔发现自己会面对观众的沉默。他之前所做的反应通常无济于事，那就是用"噪声"来打破沉默。他会提出各种各样的意见或提供一个他自己的答案。但这些行为与他的意图并不一致，他的本意是鼓励学生自我思考，或者让运动员有时间反思其在比赛中的想法和感受可能会对其反应带来怎样的影响。就在不久之前，诺埃尔在回顾他的行为时，想到了在这种情况下自己可能会做出的一个更合适的反应。他如何才能给人们时间来回答他的问题而又不打断他们思考时的沉默呢？他想到的策略是：

> 如果我问了一个问题，房间里一片寂静，那么我会在心里慢慢从 1 数到 10 再说话。

这个策略让诺埃尔在那一刻保持镇静，尽管房间里安静得令人不安。他发现，当他数到 4 ~ 6 的时候，通常会有人开始说话。然而，坚持这个策略的好处在于，他能获得更有创造力和洞察力的回复，因为他的沉默让每个人都有时间反思自己的经历。我们将在第 3章探讨在此时此刻集中注意力的一些其他策略。

还有许多证据都证明了使用"如果－那么计划法"有助于提升业绩。2006 年对 94 项研究的回顾发现，使用"如果－那么计划法"的人要比没有使用该计划法的人，在实现目标上取得的成就要明显优秀得多。[21] 这些研究涵盖了一系列的目标，而这些目标正是我们在日常生活中所渴望实现的。而应对措施包括：坚持贯彻新年计划、完成自我健康检查、回收环保物品、完成大学期间的书面报告、写一份简历等。

成功实施"如果－那么计划法"的关键在于，当我们面对挑战的情境时，我们不会毫无准备地做出反应。而我们计划的反应会自动出现，因此，我们的反应才可能更有效。"如果－那么计划法"和习惯不一样，但是它可以帮助我们培养好习惯。

把它变成一种习惯

本书倡导像运动员一样思考的好处。然而，在实现一些目标时，我们的想法也可能是绊脚石。或者，更准确地说，对想法的要求可能会成为一个问题。让我们来解释一下。

当第一次试图改变自身的行为时，我们必须在每次行动时有意识地提醒自己。要饮食健康就要提醒自己不要吃那些通常会伸手去抓的零食，而是选择更健康的替代品。我们每天做的很多行为就是一种习惯。习惯，无论好或坏，都是自发的行为，不是我们有意识的深思熟虑或计划，而是通过我们的环境所激发的。可能是我们吃完早餐（触发）后的刷牙（习惯）、我们坐在车里（触发）就会系上安全带（习惯），或当我们看电视的时候（触发）就会吃垃圾食品（习惯）。

我们在做习惯的事情时，很少或几乎没有进行有意识的思考。究其原因，我们的行为是由某种状况或事件而触发开始的，并经过多次重复而形成了习惯。如果习惯是好的，比如一上车就会系上安全带，那就太好了，每次你需要系上安全带的时候不用有意识地提醒自己。

但是，如果这个习惯是我们不想要的，那么它可能很难打破。

特别是改变一个坏习惯，需要一开始就有高度的自驱力和自制力。不幸的是，当我们的自驱力和自制力的水平比较低时，当我们在漫长的工作日结束后感到非常疲倦时，那么我们的习惯就会占据主导地位。这就解释了为什么改掉旧习惯并养成新习惯是非常困难的事情。

但这个问题也为我们提供了一个有价值的线索，让我们保持在实现目标的轨道上。如果我们想永久地改变自己的行为，那么解决办法之一就是学会如何养成良好的习惯来代替你不想要的坏习惯。我们能从运动员身上学到的，是他们如何依赖养成良好的习惯来帮助自己实现目标。

在这方面有一个完美的例子，那就是在 2008 年奥运会蝶泳决赛中，迈克尔·菲尔普斯在泳镜意外漏水时沉着冷静的应对。菲尔普斯的教练鲍勃·鲍曼回忆他们的预赛策略，以及如何为像这样的"如果－那么"时刻做准备：

我们会实验、尝试不同的东西，直到我们发现有用的东西。最终我们发现，最好专注于这些微小的成功时刻，把它们变成心理触发点，并把它们训练成日常习惯。在每次比赛前，我们每天都要做一系列的事情，目的是让迈克尔构建一种胜利的感觉。如果你问迈克尔在比赛前脑海中在想什么，他会说他并没有在想什么。他只是跟着程序。但这是不对的。这更像是他的习惯已经在控制他了。[22]

那么，我们怎样才能养成这样的好习惯呢？

我们可以采取四个关键步骤来培养新习惯。[23] 前两步已经在本章中讨论过了。第一步是设定一个你想实现的目标。第二步是决定哪些行为或过程会帮助你实现目标。习惯很重要，然而，简单的行为比复杂的行为更容易养成习惯。例如，刷牙或系上安全带所需要的步骤很少，因此可以较快地养成一种习惯。但更复杂的行为（如锻炼），要想成为一种习惯就更具有挑战性，因为它涉及许多行为。要去散步或跑步，你必须选择穿什么衣服、穿上运动服、系好鞋带、决定去哪里跑，然后走出你的房子。然而，一旦你开始这样的顺序，你就更有可能遵循最终导致开始锻炼身体的步骤。

因此，即使是对于更复杂的行为，养成习惯也要把重点放在培养过程中的第一个关键步骤上。[24]这就是"如果－那么计划法"可以帮助你开始养成习惯的地方。比如，你想在早餐前锻炼，那么你可以在前一天晚上睡觉前把运动服和运动鞋拿出来，这样它们就是你起床后首先看到的东西。这样一来，你睡醒后从床上爬起来，看到它们就成了触发因素，从而能够让锻炼身体的这个程序启动。为了避免偏离轨道，你也可以为路上可能会绊倒你的潜在危险制订一个应对计划，比如，"如果我系好鞋带后不想再运动，那么在做最后决定之前我会先离开家走出去"。一旦你离开了家，你就更有可能继续完成你的锻炼计划。把这个计划和一个开放性目标组合起来，你可以看看自己能走多远。如果你是第一次开始锻炼，这也可以帮到你。

第三步和第四步彼此密切相关，但两者都是形成新习惯的必要条件。为此，你必须有意识地练习和经常重复新的行为（第三步）。让新的行为成为一种习惯（第四步），就是要在相同的环境下，面对相同的触发因素时，不断地重复这种行为。这也是迈克尔·菲尔普斯为应对挑战性事件而培养良好习惯的方法。通过反复练习，你在触发因素和随后的行为之间建立了一种心理联系。研究表明，只要大脑获得有一个触发因素存在的信号，就足以让它产生采取行动的想法。[25]就像鲍勃·鲍曼所建议的那样，通过这种方式让习惯占据上风。通过练习和重复练习，我们的行为就会变得不那么依赖于有意识的思想，而是由自我驱动的反应来应对周围的触发因素。

同样，我们也可以采取类似的方法来打破不想要的习惯或"坏"习惯。习惯是由你周围的信号所激发的。这意味着要打破一个已有的习惯，首先要识别并减少接触那些能够触发这个习惯的事物。例如，选择更健康的食物可以从减少购买不健康的零食开始。进一步，购买更少的零食可能意味着，在杂货店买东西时你要避免走上摆放小吃的通道（触发因素）。

但是，我们可能无法做到总能避免习惯触发因素。在这种情况下，可以采用一些其他的策略。当你暴露在一个触发因素前，对自己重复一个简单的指令，比如，"不要这样做"可以帮助你克服通常的习惯性反应。[26]正如我们看到的那样，在"如果 – 那么计划法"中，用一个新的行为取代旧习惯可以帮助你应对触发性事件。这样，打破习惯就不再是停止旧的行为，而更多的是在触发因素与你如何反应之间形成新的行为联系。

最后，有必要提醒自己，养成新习惯需要时间。为研究习惯形成的过程，伦敦大学学院的研究人员让 96 名学生选择一个健康的行为，并培养成每天一次的习惯。[27]给出的选择包括：午餐时吃一块水果或喝一瓶水、在晚餐前跑步锻炼 15 分钟、在早餐后出去散步。在为期 12 周的时间里，学生们被要求每天记录自己的行为，并且完成一份调查问卷，以测试他们对新行为的感觉中有多少是自觉的或习惯性的。

结果表明，一个新的健康行为平均需要 66 天才能变成自觉的习惯，但个体差异很大。比如，午餐时喝水这样比较简单的行为成为一种习惯的时间，要远远快于体育锻炼这样复杂的行为。对数据的深入分析也表明，有些人需要 18~254 天才能使新行为成为一个自觉的习惯。换句话说，养成新习惯要花好多周，甚至好几个月的时间。然而，了解养成习惯的步骤可以在你养成习惯的路上帮到你。

关于目标设定的结束语

实现我们的雄心壮志，无论大小，经常意味着要学习如何专注于实现目标的过程，关注循序渐进的行动，从而让我们能达到某一个业绩目标或结果目标。计划将如何行动和使用习惯养成策略是我们要学习的重要心理工具，是我们的装备必选。然而，就像我们看到的帕特里克·马霍姆斯和迈克尔·菲尔普斯的例子，习惯不仅仅是我们的行为。当我们面对困境时，自己的想法和情绪反应也是一种习惯。这些反应也包括在遇到不利事件时保持冷静。在下一章中，我们将探讨面对触发性事件时我们的情绪反应，探索如何像运动员一样去思考、管理我们的感觉和行为，即使是在最困难的情况下。

第 2 章

没有什么事是非黑即白

情绪调节的工具

在国际男子橄榄球联盟中，没有一支球队能与新西兰全黑队媲美。从他们在 1903 年参加的第一场比赛开始，他们 77.3% 的胜率无人能及。与之较为接近的只有南非队，其胜率为 65%。[1]2015 年，由里奇·麦考率领的"全黑军团"（我们在第 1 章中曾提过的"G. A. B."）成为第一支赢得三届橄榄球世界杯冠军的球队（世界杯每四年举行一次。）2013 年，全黑队成为第一个，也是唯一一个，在全年所有赛事中都获胜的国际团队。实际上，从 2011 年橄榄球世界杯开始至 2015 年世界锦标赛（在这两次大赛中均获得了冠军），他们在 61 场比赛中，胜算率为 92%。令人瞠目！

但事情并非总是这样。在 2011 年获胜之前，新西兰在橄榄球世界杯上的表现名不见经传。自从 1987 年橄榄球世界杯赛首次举办以来，全黑队在随后的比赛中成绩经常低于预期。他们在 1991 年、1999 年、2003 年均在半决赛阶段被淘汰，在 1995 年与南非的决赛中败北。

　　他们的最低谷出现在 2007 年的世界杯赛上，他们在四分之一决赛中以 18 比 20 输给法国队，这是新西兰全黑队在橄榄球世界杯上有史以来最糟糕的结果。在大多数的橄榄球世界大赛中，全黑队都是绝对的夺冠热门。他们在此次世界杯赛之前的 39 场比赛中获胜 34 场。这些比赛中就包括在四分之一决赛前的 4 个月在新西兰惠灵顿以 61 比 10 战胜法国队，11 个月前在法国里昂以 47 比 3 让法国队遭受有史以来最沉重的"主场"失利。新西兰人对全黑队赢得四分之一决赛信心十足，新西兰最重要的新闻报纸《新西兰先驱报》（*New Zealand Herald*）在头条刊登了它对比赛结果的预测："法国队绝对无法对全黑队构成威胁，并吹嘘道'全黑人虽身穿粗布衣，但仍能横扫法兰西'。"[2]

　　在赛后多次的深刻反省和回顾中，全黑队的主教练格雷厄姆·亨利（Graham Henry）和他的助手们认识到他们失败的关键因素有两个：一是全体队员不能在压力下做出正确决定，二是在关键时刻他们无法控制自己的情绪。在与法国队最后 11 分钟的交锋中，这一结论得到证实。如果你是新西兰全黑队的支持者，这种回顾会让你觉得不舒服。全黑队在第 69 分钟被法国队反超后，在接下来的时刻全黑队在惊慌失措中犯了一连串的错误。

　　失败后，新西兰全黑队的球员和教练因决策失误和技术失误而广受批评，这些失误导致在最后几分钟内连续出现了令人疯狂的 6 次失误。作为世界排名第一的球队，这是不可想象的。总之，随着比赛进入白热化状态，当冷静沉着最为关键的时候，所有的全黑队队员都表现出"窒息"（choking）症状。

这是指在体育比赛中，当一个技艺精湛的运动员在压力下其技能表现突然出现戏剧性下跌的状况。[3] 你也许还能回忆起在一些重大比赛中，有些备受瞩目的运动员的表现严重失常。这种现象并不罕见，而且不仅仅发生在体育比赛中。在考试中表现不佳或在演讲中跌跌撞撞，也是由压力引起的窒息症状。大多数人都感受过压力以及它对我们业绩的影响，但很少有人知道我们应该如何面对压力。我们怎样才能在压力下像成功的运动员那样有效地工作？

在本章中，我们将回答这个问题，并探讨运动员所掌握的一些应对压力状况的关键策略。为了分析我们的业绩表现可能遭受了什么挫折，首先要了解当我们遇到压力状况时，我们经历了什么。

压力的迹象

当遇到自认为是威胁或危险的状况时，我们的身体就会立即出现应激反应（stress response）。它开始于大脑中一个叫作杏仁体区域的一系列活动，可以导致一些生理反应症状：心跳加速、呼吸加快、肌肉紧张、手掌出汗。如果你不知道自己是否感到过紧张，你可以通过这些反应症状来了解紧张的感觉。

所谓的"或战或逃"是人们面对压力时一种与生俱来的反应。它经过数百万年的进化，为我们提供能量，并能在受到威胁的情况下保护我们。它会被焦虑和恐惧等情绪立即触发。你可以想象一下，如果一只愤怒的狗开始攻击你，你的反应会有多快。在这种情况下，你所经历的生理变化会增强你的体力（帮助你消除潜在威胁），并提高你的反应速度和耐力（把你带到安全的地方）。

在现代生活中，我们经常在某种方式上自认为遇到了威胁或危险。我们不会像我们的祖先那样，在人身安全上遇到来自饥饿的食肉动物的威胁，而现在遇到的威胁主要是心理上的。在一个重要的体育比赛、学术考试、公开演讲中，我们都可能会感到不好意思，因为害怕会让自己或别人失望，或者害怕自己会被观众否定。这些注重结果的想法给我们带来了压力，而我们还要试图在这种压力下工作。这样，我们自然的应激反应就会开始出现问题。

当我们感觉到心理上的威胁或者认为自己可能没有应对威胁的工具时，所触发的不仅仅是一场"或战或逃"的应激反应，而且还会暗示自己，让自己增加对表现不佳的焦虑。在这样的状态下，我们的注意力根本无法放在手头上正在进行的任务，我们可能会忘记自己的比赛计划、在考试前学习过什么或者自己想对观众说些什么。在某些情况下，我们还经历了应激反应的第三种情况：我们僵住了。不同于"或战或逃"，身体僵硬的感觉会让我们在现场挪不动脚步、与周围的世界断开联系、无法采取果断的行动，就像一只突然被灯光照到的小鹿一样，不知所措。

这些例子要说明的是，通常问题的关键并不是我们所处的状况。毕竟，运动员在举足轻重的重大赛事中表现出色，学生们在各项考试中脱颖而出，成功的公开演讲，比比皆是。相反，我们的思想和情绪反应却常常被证明是出现问题的关键。

如果我们接受了这个前提，那么也就找到了在压力下出色表现的钥匙。如果我们的思想和情绪反应就是问题所在，那么学会控制我们的思想、管理我们的情绪，像一个在压力下取得成功的运动员一样去思考，这就是解决问题的方案。这正是全黑队在 2007 年橄榄球世界杯出局后得出的结论。

一个情感框架

全黑队在 2007 年输给法国队的比赛中，为什么没能发挥出正常水平？为了尝试解释这个问题，教练组和法医心理学医生凯里·埃文斯（Ceri Evans）一起，开发了一个简单的心理框架，来描述他们在那场比赛中所经历的情绪波动状态。他们把它称为"红头模式"（red head mode）。[4]

埃文斯把我们的一些大脑功能概念化为"红色系统"。红色系统包括很多我们的大脑在没有意识的情况下的活动，包括生理过程，比如心率、呼吸、出汗。可以把红色系统当作我们的自动驾驶仪，照顾我们的身体机能，让我们活着。

大多数情况下，自动驾驶仪运作很顺利。但是，红色系统一直处于警戒状态，如果有什么威胁到我们的安全，该系统就会迅速做出反应。在这些迅速反应中就包括我们的应激反应。在某些情况下，如果发现威胁，红色系统的首要任务是让我们准备好迅速行动。

到目前为止，这一切听起来都还容易理解。准备好迅速行动是一件好事。但同样，这种"或战或逃"的反应是从我们身处险境的世界里进化而来的，而我们面临的许多危险、威胁是心理上的问题。当我们体验激烈的情绪时，如在心理压力下感到恐惧或焦虑，我们与生俱来的应激反应就会操纵自己的表现。当经历一场强烈的应激反应时，我们会凭直觉采取行动，清晰而符合逻辑的思考能力也会做出让步。相反，我们将注意力集中在我们察觉到的威胁源上。比赛时钟滴答滴答的响声、观众的反应、失败的后果等都会让运动员分散注意力。我们也会变得专注，也就是说太在意自己的行为，试图做到完美而不是自然而然。（如果你曾经在别人看着你的时候在台阶上绊倒，你就知道我们在说什么了。）结果，我们会做出错误的决定，基本技能会出错，表现得更糟糕。在 2007 年橄榄球世界杯赛的最后几分钟里，这些威胁造成的反应在全黑队队员身上都得到了印证。

埃文斯用"蓝色系统"表示大脑的其他功能。蓝色系统包括我们的以下能力：理性和逻辑思考、解决问题和计划行动以及对自己精神状态的感知。它主要受大脑额叶管理，在面临严峻形势时，在蓝色系统的控制下，我们的反应较为缓慢、较为合理、思考也较为周全。蓝色系统让我们控制自己的情绪反应，并把注意力放在相关任务上，这对我们能在压力下表现出色至关重要。一言以蔽之，蓝色系统的首要任务是清晰地思考。

但问题是：要在心理压力下表现出色，必须把让我们行动迅速的红色系统和导致我们思维迟缓的蓝色系统结合起来，并充分利用两者的优势。换言之，我们要在压力下控制自己的思想和情绪反应，保持冷静和专注，也就是说要运用那些成功运动员所拥有的心理工具。除非我们知道这些工具是什么以及如何使用它们，否则，在压力下要正常发挥水平几乎是痴人说梦。

你可能已经知道了，这些系统并无好坏之分。我们天生的应激反应会救自己的性命，但是如果大脑调动了太多的红色系统，就会让我们头脑发热，以本能的方式回应，而这样做是不可能成功的。同样，逻辑和推理可以帮助我们解决问题，但是如果大脑调动了太多的蓝色系统，就会让我们思考过度，在行动时缺乏果断。要能够识别和理解我们处于哪种状态，调整我们的心理温控器，使我们的红色系统和蓝色系统正好处于平衡状态。

大部分情绪反应与红色、蓝色系统的功能一样。尽管我们可能认为悲伤、焦虑或愤怒都是不好的情绪，但是这些不愉快的情绪也可以发挥作用。[5]例如，对即将到来的考试感到烦恼，可以驱使学生去努力学习。而在上场前对自己的表现感到烦恼，也会给我们带来益处。

同样，我们或许认为兴奋和满足是好的情绪。它们确实让人感到愉快。但正如我们在第 1 章中所学到的，对自己在某项任务上取得的进步感到满足，会让我们变得自满，而不能实现目标。如果真的是这样，那么我们的满足感最终反而是无益的。

因此，与其说情绪是好是坏，不如说我们把情绪看作是好还是坏、是有用还是无用。管理我们的情绪会有两大好处。我们这样做是为了让自己感觉更好，或为了让自己的发挥更出色。

了解大脑对压力的反应只是一个开始，现在我们知道自己的情绪不论好坏都会带给我们益处。接下来要学习如何在压力下管理我们的情绪，并让我们的发挥更出色。我们要更清楚地了解在不同情况下我们的情绪状况。一旦我们能认清自己的情绪，并恰当地给情绪贴上标签，我们的任务就完成了。这让管理这些情绪反应变得更加容易。

你有什么感觉

你现在感觉怎么样？也许你今天过得很艰难，感到有点紧张或恼火。也许当你读这本书时，感到平静和放松。或者更准确的说法是，自从开始读这本书后，你感到更平静了。如果是这样的话，那就太好了，不仅仅是因为你很喜欢这本书，而且是因为它反映了情绪的关键特征——情绪是可塑的。当需要的时候，我们可以做点什么来改变我们的情绪。

我们每天都会经历很多不同的情绪，这些情绪可能来自事件发生的结果，也可能来自我们的所思所想，还可能来自对过去的回忆。不管我们的感受如何，所有的情绪都有两种基本的状态。[6]第一种状态就像我们的应激反应，比如感觉到自己能量水平的高或低。当你心跳加速、呼吸加快、肌肉紧张、体温升高或者感觉更警觉时，你知道自己处于一个高能量状态。第二种状态是我们对情绪的感受，可能是愉快的，也可能是不愉快的。这两个维度与我们所经历的常见情绪结合在一起，可以用四个象限来表示，如图2-1所示。[7]

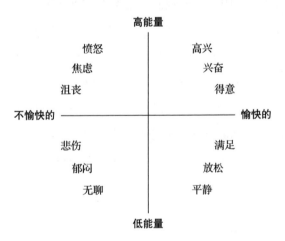

图2-1 我们的基本感觉状态和一些情绪

例如，兴奋是一种愉快的、充满活力的状态，与得意和高兴一起位于右上象限；愤怒和焦虑是高能量的、不愉快的，与沮丧一起位于左上象限；悲伤、郁闷和无聊是令人不快的、能量状态较低的，位于左下象限；平静、放松、满足的能量状态很低、令人愉快，位于右下象限。当读到这里时，你可以把脑海中浮现出的其他情绪放置在这四个象限中的任何一处。

要注意，情绪调节策略的目的，就是要改变这些基本情绪状态，让我们的情绪从一个象限转移到另一个象限。当感受到焦虑、愤怒或兴奋时，我们可能需要降低能量水平来让自己冷静下来。相反，当我们感到无聊、郁闷或悲伤时，这可能意味着我们需要做一些事情，比如和别人说说话或者去跑跑步，以便让我们感觉好些或更有活力。[8]

在这里，识别我们的情绪是改变自己感受的关键。你现在就可以开始改变自己的情绪，只需要在任何情况下花点时间问问自己，你感受到了什么样的情绪，给它起个名字。命名一种情绪，比如"我很愤怒"或"我感到焦虑"，它本身就是一种情绪调节策略，可以通过激活我们大脑的蓝色系统来减弱强烈情绪。[9]

我们还可以使用一些策略来帮助自己调节情绪。要控制情绪，就要有一些合适的心理工具，以供我们使用。没有这些心理技巧，就如很多人所经历过的那样，情绪就会占据上风。那么，运动员们的法宝是什么，我们怎样才能利用这些法宝来调节自己的情绪？

怎样调节自己的情绪

有 160 多种不同的心理策略能够改变我们的感受。[10]有些策略是大多数人每天都在使用的。有些策略与行动有关，比如逛街、听音乐、锻炼身体或者寻求朋友的支持。有些策略则与思考有关，或者有些策略会改变我们的思维方式，如通过停止胡思乱想或白日梦来理性地思考某个问题。

有些策略，如白日梦，可以帮助我们避免不愉快的感觉。而有些人却喜欢理性地思考问题，专注于处理自己的情绪，去解决引发问题的原因。这两种策略都可以为我们所用，如何取舍取决于我们所处的环境。有时候，最好的策略是分散自己的注意力，尤其是当我们对改变现状无能为力的时候。而当我们能较好地控制那些触发情绪的因素时，最好的策略是去解决问题，做一些卓有成效的事情。

运动员们的法宝是他们会使用许多不同的方法来调节自己的情绪。例如，人们发现跑步运动员在比赛前一小时会使用28种不同策略中的任何一种，希望能感觉好一点或表现出最佳状态。[11] 这些策略包括专注于目标、分散注意力、重复动机性语句、回顾过去的成就等。

上面三个段落内容中显示的数据对我们来说似乎是个好消息。这些数据告诉我们，有很多不同的策略可以帮助我们改变自己的感受。但是，就像2007年的新西兰全黑队，我们有时并不知道哪些工具适合我们。我们需要研究这些工具。可供选择的策略如此之多，也有一个坏处，那就是我们有时会选错。不是所有的情绪调节策略都是健康的或有益的。饮酒等行为可能会在短期内改变我们的感受，但其长期的后果往往是有害的。同样，反复回想那些消极的想法和情绪来琢磨它们的起因，或者通过尖叫或打碎东西来发泄情绪，这些都是徒劳无用的。前者是与心理健康状况较差有关，而后者则是因为攻击性情绪增加所导致的。[12]

抑制情绪或试图隐藏我们感受到的情绪，也会被证明是徒劳的。压抑情绪需要自控力，而自控力会随着时间的推移而减弱，最终会让我们不愉快的情绪更强烈或者情绪发泄更反复无常。

你可能认为运动员是压抑情绪的大师。毕竟，有些运动员能在巨大的压力下展现出平静的一面。但是，许多运动员已经知道压抑无助的情绪不是最好的方法，这得到了一项研究的证实。这个令人倒胃口的研究旨在探究情绪压抑对运动成绩的影响。[13] 为了开展此项调查，研究人员招募了 20 名学生运动员，让他们以随机顺序完成 3 次 10 公里的自行车骑行比赛。其中一次计时赛没有任何特殊之处，参与者只需要来到实验室，尽快完成 10 公里的骑行任务。然而，在另外 2 次计时赛之前，参与者观看了一段 3 分钟的视频，视频中播放的画面是一个女人先让自己呕吐，然后吃了自己的呕吐物（现在请把目光看向别处）！一想到这个场景就可能让你感到强烈的恶心。我们可以想象那些看了这个视频的参与者的感受。

但这是研究的关键部分。参与者观看视频后可能会觉得恶心。在一次计时赛中，参与者被要求在观看视频期间和之后，要尽一切可能去抑制自己的情绪。而在另一次计时赛中，参与者能够随心所欲地表达自己的感受。

结果显示，参与者在抑制情绪下完成骑行任务的时间比他们在非抑制情绪下完成骑行任务的时间平均慢了 25 秒或 2.3%，而比他们没有看过视频的那次骑行任务完成的时间慢了 36 秒或 3.4%。除了速度更慢，他们报告说，在抑制情绪下完成骑行任务的难度要比另外两次大。

这项研究表明，情绪抑制、自我控制以及所需的心理努力都是要付出代价的。抑制不愉快的情绪，比如厌恶、焦虑、愤怒，不仅会损害运动员的运动成绩，还会影响我们生活的其他方面。例如，它可能会导致矛盾冲突、不良关系和药物滥用等状况的长期存在。[14] 表达或管理情绪能让我们更健康，就像运动员所做的那样，对我们的业绩表现、长期健康和幸福感都很重要。

那么，哪些策略能让我们受益呢？哪些策略是运动员在压力下发挥出色的法宝呢？在本章的后半部分，我们将学习一些最有效的心理工具，可以用来调节自己的情绪。我们将从重新评估自己的情绪开始，探讨如何改变我们所处的情境，从而改变我们的情绪感受。

重新评估策略

用哈姆雷特的话来说，"没有什么好坏之分，但我们的想法让它如此。"我们已经知道了情绪不分好坏，但是我们的想法呢？我们的想法怎么能"让它如此"？当评估一个事件时，我们会判断它是帮助还是阻碍我们追求一个重要的目标。这种评估会引发各种情绪，如沮丧、焦虑、满足、高兴，这取决于我们认为事态的进展如何。

举一个例子。假设今天是你的生日，有人给你送蛋糕。你可能会想，"真细心，他们记得今天是我的生日。"这样庆祝生日让你很愉快。当你品尝一口蛋糕时，你可能会感到很满意。假设有一天，有人给你送了一个蛋糕，但你想吃得更健康，你的想法可能会是"他们太轻率了，竟然忘了我的饮食计划是要吃得更健康"。当你把蛋糕推到一边时，你可能会感到很恼火；或者当你礼貌性地吃了你不喜欢吃的蛋糕时，你可能会感到很生气。

在体育比赛中，人们会把在比赛接近尾声时的比分落后看作是不好的事儿，就像在 2007 年橄榄球世界杯四分之一决赛中新西兰全黑队与法国队的比赛那样。但情况并非总是如此。如我们在第 1 章中所述，在第 54 届超级碗的最后时刻，帕特里克·马霍姆斯和堪萨斯城酋长队向人们展示了，当赛事没能如人们预期的那样进行时，这正是一个果断采取行动、创造性地表现自己的机会。正如哈姆雷特所说，处境本身无所谓好坏。在应对这些情况时，我们的想法、对事件的评估可以让它们如此。

要知道重新评价的原则，就要了解事件如何影响我们的想法，我们的想法如何影响我们的情绪，我们的想法和情绪又如何影响我们的行为。改变我们对一个事件的思考，就会改变我们对那件事的情绪反应的轨迹。这种换一种思考方式的策略，会对我们的大脑产生巨大的影响。神经影像学的研究表明，当我们重新评估可能令人不安的信息时，大脑中会产生强烈情绪反应的区域被激活得较少，比如杏仁体（"红色系统"的中心）。同时，大脑中与逻辑思维有关的区域，如前额叶皮层（"蓝色系统"部分）会变得更加活跃。[15] 换言之，重新评估所处状况，有助于让我们在这两种状态之间取得更好的平衡。

让我们来实践一下重新评估所处状况的工具。我们以一个曲棍球运动员要打一场比赛为例。这是该运动员首次在众多观众面前亮相并参加重要比赛。[16] 他对这种情况的负面评价可能是，"我敢打赌，我会在所有人面前犯错误"或"我认为我做不到"。这些想法反过来可能会让他觉得烦恼、焦虑，甚至害怕。

这些想法都是正常的，大多数人都有过这种体验。让我们来看看他的选择，看看他如何应付这种状况。[17] 首先，他无法改变处境，如比赛的重要性或观众的行为。他可以决定不出现或者不参加比赛，但这样做不会缓解他的焦虑。但是，一旦他改变了自己的想法，随后他也会改变自己的情绪。

所以，为了反击他最初的消极想法，他可能会反过来这样想，"观众对我的表现没有影响"或"我已经准备好了，这次比赛的参加权是我赚来的"。虽然他重新评估了自己所处的状况，但是他仍然有可能感到赛前的焦虑。这是正常的。但他可能没有像最初评估时的反应那么强烈。

我们可以将重新评估技术应用于其他领域。重新评估所处状况是把你的问题放到客观判断之下，充分地利用所处环境或提醒自己，不管这个状况有多难或者持续时间有多长，这一切都会过去。

这个过程不像我们在这里说得这么容易。要不断练习并坚持下去，你才能知道如何改变自己最初的消极想法。你要开始逐渐清楚地知道当自己身陷困境或者面对压力时，你会不由自主地对自己说些什么话，反过来，理解这些想法会如何影响你的感受。写下你所处的状况、你的想法以及由此产生的情绪，会有助于你识别那些可以触发情绪的因素，并让你意识到如何更好地对这些事件做出反应。

为了帮助你踏上这段旅程，我们提供了一个表格来规范重新评估，如表 2-1。你可以在前三栏中写下在应对各种状况或事件时你的想法和情绪。

表 2 - 1　重新评估表

状况 描述一个过去的状况或事件	不由自主的想法 你当时的想法是什么?	情绪 你当时的感受是什么?	替代的想法 哪些想法会更有利于面对困境?	新的情绪 你对这些新的想法感受如何?

　　一旦你意识到通常在某一状况下你会怎样想,以及这些想法让你感受如何,那么接下来就是培养自己在同样状况下要对自己说的另一种想法。注意,要让这些新的想法带来更有益的情绪反应。为此,要先写下来你对另一种想法的感受。在表 2 - 1 的最后两列,你可以写下这些替代的想法和新的情绪。

　　有意思的是,当我们体验到无助或不愉快的情绪时,我们也可以使用重新评估表来改变它们。例如,当我们感到焦虑时,身体反应(如心跳加速或手心出汗)会加剧我们的焦虑感,而这对情绪于事无补。但是,重新评估这些生理反应,可以让我们的身体做好准备以表现出最好的状态。[18]

　　重新评估自己的身体感受,并从有利于让自己表现出色的角度来解释这些感受,这是许多运动员的法宝。来自新英格兰爱国者队的球员史蒂芬·格斯特考斯基(Stephen Gostkowski)的例子很典型,他在队中主踢定位球。在 2019 年第 53 届超级碗比赛前,被问及如何处理赛前的紧张情绪,他回答说:

赛前紧张是件好事。对我来说,一点情绪都没有反而是需要担心的事情。如果你还要为参赛鼓劲加油,那你是有点不对劲。紧张只是一种情绪。紧张让我的状态更好。这种紧张会让人兴奋。[19]

重新评估这一策略不仅有助于提高运动员在体育比赛中的竞争力,它还可以在日常生活中帮助我们。只需要直截了当地大声重复一些语句,比如"我很兴奋"。当感到焦虑时,我们会在一系列任务中更自信、表现更好,如在压力下解决数学问题,或者在公开场合演讲。[20]换言之,把焦虑情绪解读为它对我们的表现有益而非有害,就会对我们的最终表现产生积极影响。

把焦虑重新评估为兴奋,让我们的基本感觉发生了变化,从图 2 - 1的左侧移动到了右侧,从不愉快转换成了愉快。对于运动员来说,这能让能量保持更高的活性,同时抵消了焦虑和烦恼的有害影响。

写下你的感受

我们已经了解到压抑自己情绪的害处。还有一些有用的策略能帮助我们管理自己的情绪。其中之一就是记日记,它能帮助我们表达思想、感觉、见解,而不是压抑它们。记日记可以缓解压力和抑郁,增强心理健康,并改善身体健康。尤其是当记日记的时候,我们是在尝试去理解某个状况,并且在积极地面对它。[21]

写下我们的感受有助于从诸多方面来调节自己的情绪。[22]通过写作，我们给情绪贴上了标签，例如，我们在之前提出的策略，"我感觉到了什么样的情绪"。当用文字来表述情绪时，会改变我们的情绪反应过程。

在很多情况下，通过写作来表达情绪都会让我们受益。虽然在写下与创伤生活事件有关的想法和情绪时会让我们感到很难动笔或者非常沮丧，如父母离婚、受到种族歧视、所爱的人死去等，但这样做会让我们深入理解个人成长并能自我接纳，从而减轻痛苦的感受。这样做的效果已被证实。写一段创伤的经历，更深入地理解那个事件，有助于我们充分感知个人的应变能力，这会让我们更加乐观，更好地把控那个事件和我们的情绪。[23]

通过写作来表达情绪的益处多多，这就是为什么许多运动员会经常写日记的原因。23 次网球大满贯冠军塞雷娜 · 威廉姆斯（Serena Williams）曾建议人们在笔记本上写下自己的想法和感受，"这有助于清除那些让你感到窒息的消极的想法和情绪。"[24] 两届奥运会高山滑雪冠军米凯拉 · 席弗琳（Mikaela Shiffrin）从 13 岁就开始写日记。她在日记里记录了每天的运动和日常生活，以及自己对发生的积极和消极事件的想法和感受。[25]

我们使用日记的第二种方法是练习对生活中积极的事情表达感恩，不论其来源是什么。可以写一些家人、朋友或同事所给我们的馈赠，或为我们做了什么，甚至可以写一写我们所经历的困难和挑战。

强调感恩可以让我们更积极地看待各种状况，并改变我们随后经历的情绪。一项研究发现，那些坚持写 4 个星期感恩日记的人们，在重新评估令人不愉快的图像时完成的效果更好，因此，他们管理情绪反应的效果要好于那些没有练习过表达感激之情的人。[26]

　　坚持写日记来表达感恩能够促进个人成长，这在 6 届奥运会短跑冠军埃里森·菲利克斯（Allyson Felix）的故事中表现得淋漓尽致。[27]菲利克斯每天写日记来表达感恩，在 2020 年年初的一次采访中，她反思到：

　　我想我现在所处的状态就是对各种人生体验的感激。年轻时的自己无法做到这些。但是，现在我很感激那些艰难的时刻。它让我更了解我自己。我成长了很多。我肯定经历过考验。好像这就是我最终想去的地方。我非常自信，但是仍然很渴望并很确定地知道我是谁。[28]

　　我们利用日记的最后一种方法是在我们感到烦恼，特别是焦虑的时候，记日记会让自己忙碌起来。花时间故意让自己烦恼，听起来有悖常理。但是，用一种积极的方法，就会减少焦虑情绪。[29]换句话说，故意的烦恼有助于减少烦恼。写下我们的烦恼让我们能控制那些可能出现的烦恼，从而会让我们集中精力来思考这些问题的解决办法。花时间来处理烦恼，让我们避免因试图压制自己的感受而带来负面的后果。

　　解决烦恼的具体做法有五个步骤。[30]第一步，安排一段空闲时间，比如说 20 分钟，不要让分散注意力的事情打断你。把这个计划安排在你有时间能够故意面对烦恼的时候。第二步，在这段时间里，写下所有令你烦恼的事情。在这一点上，不要试图遗漏任何一件令你烦恼的事情。不管是重大的还是琐碎的烦恼，把它们都写下来。一旦你把让自己烦恼的事情都写好了，第三步就是给每个烦恼的事情设定 1、2 或 3 的等级。1 代表你能通过行动来改善，2 代表你或许有可能改善，3 代表你无能为力。3 所代表的可能是完全超出你控制范围的状况或事件。第四步，解决每一个烦恼问题，首先是 1，然后是 2，最后是 3。要特别注意这些解决方案，并把这些方案看作是你要采取的行动。你可以给这些行动制定一个目标（见第 1 章）。例如，为了解决最紧迫的烦恼事件，你可以设定一个采取行动的具体时间。

有一些烦恼的标记为 3，你可能会发现你对改变它无能为力。这也没关系，要接受现实，有些事情确实是你无法改变的，但这样做会引起更多有益的情绪反应。试图重新评估这些状况也有助于缓解焦虑。

当预先设置的解决烦恼问题的时间结束时，第五步就是在这天余下的时间里把这些想法放在一边，除非你是在解决某个令你烦恼的问题。你会不可避免地在设定的处理烦恼问题的时间之外思考你的烦恼，尤其是当你开始安排时间来处理烦恼时。但这没关系！提醒自己，你会按照事先计划，在第二天处理烦恼的时间里再来回想那些烦恼，这样做会让你有效地控制自己不去想这些令你烦恼的事情。

你还可以使用一些其他策略，比如分散注意力（比如，散步或者与人交谈一件和烦恼完全无关的事情），让你不再去想那些令你烦恼的事情。我们将在第 3 章中讨论这些策略。安排时间来让自己关注放松技巧，就像后面要介绍的那些技巧一样，这也有助于缓解紧张以及管理不愉快的情绪反应。

呼吸和放松

所以，你可以试试重新评估，并写下你的感受。这两种做法都会让你受益。假设现在你坐在等候室，即将接受一场工作面试，而你感觉比自己预期的更急躁。你该怎么做？

这和运动员面临的问题是一样的。他们如何能在白热化的时刻保持冷静和镇定呢？

在 2007 年后，全黑队的核心策略就是学习快速冷静所需的心理技巧，让大脑由红色系统占主导转向由蓝色系统占主导的状态。要降低沮丧、焦虑、愤怒等强烈的情绪反应的兴奋状态，才能让人冷静下来。下面这个策略可以帮助你调整强烈的情绪反应。

冷静最有效的方法之一是正心（centering）。正心是一种呼吸技巧，通过缓慢地深呼吸来让空气填满你的肺部。当你吸气的时候，膨胀的肺部会推挤胃部。瞬间屏住呼吸，同时注意感觉身体的每个地方，比如背、肩或脸。最后，慢慢地彻底呼气，同时注意放松肌肉并释放紧张。整个过程只需几秒钟。

许多运动员在做赛前准备时都要进行缓慢的深呼吸，这是出场前的例行活动。足球运动员如梅根·拉皮诺（Megan Rapinoe）和克里斯蒂亚诺·罗纳尔多（Cristiano Ronaldo）在罚任意球之前都会先深呼吸让自己冷静下来。滑雪射击运动员如多罗特娅·维雷尔（Dorothea Wierer）和约翰内斯·廷内斯·鲍伊（Johannes Thingnes Boe）都使用呼吸技术来降低心率，减少他们从越野滑雪过渡到目标射击期间的紧张感。研究证实，青少年篮球运动员出场前进行深呼吸能够提高罚球命中率[31]；深呼吸与具有指导性的积极的自言自语相结合，能够提高冰球守门员的扑救率。[32]

深呼吸的技能还能应用到其他生活领域，如"女孩向前冲"项目中有一个名为"停下来做一个深呼吸"的活动。该策略是让女孩先停下来去管理自己的情绪，去呼吸、思考、回应和回顾，以便在困难的状况下做出积极的回应。那些完成项目的女孩们认为，在被人取笑或与兄弟姐妹发生争执时，在管理烦恼、愤怒和沮丧等情绪时，"停下来做一个深呼吸"是最有效的策略。[33]

如果你的时间比较宽松，你还可以使用其他的放松技巧。其中最有效的方法之一是渐进式肌肉松弛法（Progressive Muscular Relaxation，PMR）。渐进式肌肉松弛法最初开发于 20 世纪 30 年代，是指依次让身体的肌肉紧张和放松，从手和手臂开始，直到脚和脚趾。它的目的是让你更好地意识到肌肉紧张。当你意识到肌肉紧张时，就能释放这种紧张，让肌肉放松下来。

附录 2 中包含了一个渐进式肌肉松弛法的示例，以助你开始练习这个方法。整个程序大约需要 20 分钟。我们建议你在有时间练习放松的时候试一试，比如在你睡觉之前。一旦你学会了这种技能，在重要事件发生前的几个小时或坐在等候室时，你就不用花太多的时间来控制自己的情绪。

在日常生活中，渐进式肌肉松弛法对缓解紧张和焦虑状况也非常有效。你可以使用它来管理与工作有关的压力，或减少失眠症状，或减轻压力性头痛。[34]经证明，当作为一种认知行为疗法来使用时，渐进式肌肉松弛法能减轻癌症患者的心理痛苦，普遍用于治疗焦虑性失调、惊恐性失调、社交恐惧症和慢性病。[35]

你也能使用这些心理工具组合，这可真是个好消息！深呼吸加上重新评估有助于你在压力状况下达到放松和转变想法的双重目的。缓慢的深呼吸能让大脑的红色系统开始转为蓝色系统来做决策，这让全黑队队员在面对压力时能平静下来。接下来，运动员都会使用情绪着陆技术把注意力重新集中并回到当下时刻。

情绪着陆技术

当感受到强烈的情绪时，我们会把注意力过分地集中在那种情绪里。例如，当生气的时候，我们会反复回味愤怒的根源。正如在本章前面所提过的，当运动员感到焦虑时，他们会让烦恼和恐惧分散自己的注意力。他们通常会自动执行某个技能，并过分地专注于这个技能。这些由焦虑引起的注意力变化是引发他们窒息感的根源之一，或者会让他们表现更差。本章的终极心理工具看似是一个简单的过程，但其用途广泛，能改变事件的发生序列。

情绪着陆技术有助于打破事件链条，让你的注意力回到当下时刻。听音乐、锻炼身体、深呼吸、看书等都是利用情绪着陆技术的例子。

最常见的情绪着陆方式之一是 5 - 4 - 3 - 2 - 1 技术，涉及我们的五个外部神经感觉。你现在就能练习这个技术。快速浏览你的周围，慢慢地大声说出或在心里默数 5 个你能看见的东西，4 个你能感觉到或触摸到的东西，3 个你能听到的东西，2 个你能闻到的东西，还有 1 个你能尝到的东西。在你找到所有这 15 个东西之前不要停下来。

如果你全神贯注地寻找这些东西，你就能更深地体会到有些感觉在那一刻之前是一直被忽视的。你或许会注意你背靠椅子的感觉或者你手上书页的气味。这就是情绪着陆的目的，也就是把你的注意力集中在当下时刻，远离那些分散注意力或无益的想法。或许你并没有注意到自己现在的情绪状态有了很大的变化，但我们希望你能有平静而放松的感觉。当感到焦虑、愤怒、沮丧的时候，你可以通过采用情绪着陆技术来降低你感受到的这些情绪的强度，从而来管理你的情绪状态。

在诺埃尔教斯科特如何使用情绪着陆技术之后，斯科特几乎马上就从这项技术中获益了。当斯科特被要求进行大约 90 分钟到 4 个小时的跑步训练时，他在心里挣扎着。他惯用的策略，比如把剩下的时间切成小块，并提醒自己跑步训练就像是构建大厦的砖块，能让自己实现有意义的目标，但是这样做是行不通的。斯科特一直在反复琢磨，"我不想这样做。我还没跑到一半的距离，我还要跑 2 个小时。我的生命中有太多的时间在等待，而不是在享受生活。"他开始找原因来解释为什么大幅缩短跑步时间也是一个不错的选择，即便他觉得跑下来身体也没问题。

然后，他回忆起了 5 - 4 - 3 - 2 - 1 技术，就在脑海中过了一遍 5 种感官清单，但是仍然会被"我太不幸了"的想法分散注意力。他又做了一次 5 - 4 - 3 - 2 - 1 练习，但是这次他增加了一个条件：他不能列举那些在第一次已经看过、听过……的东西。在跑了几英里后，要想出不同的味觉感受很难！斯科特在第二圈跑步训练中完成了情绪着陆练习，而这时他已经跑了将近 2 个小时了。他的想法转变为更有利于完成任务的说法，比如"我差不多跑了一半了，现在我正跑向我最喜欢的那片树林"。剩下的路程平安无事,斯科特完成了当天的目标。

能够快速调节自己的情绪是很重要的本领,这适用于许多场合。在某些情况下,你可能没有足够的时间来完成完整的5－4－3－2－1情绪着陆练习(更不用说做两次了)。但是,根据你的个人需要可以重新制定一个简短的情绪着陆策略,并从事相关练习,这也会让你受益。那么,如何才能把不同的技术组合在一起使用呢? 在开始感受到压力时,如何使用呼吸和情绪着陆技术来控制自己的情绪呢?

这正是2007年后所有全黑队队员学会的本领。全黑队队员基兰·里德(Kieran Read)会快速扫视体育场来让自己把注意力集中于外部更大的场景。他的队友里奇·麦考则会使用不同的感官去感受当下时刻,在比赛中短暂的休息时间里,他会把靴子踩在地上,专注于他脚上的感觉。麦考在他的自传《真正的麦考》(*The Real MaCaw*)中介绍了他是如何把深呼吸和接地技术结合起来的。

> 用鼻子或嘴缓慢而有意识地吸气,并停顿两秒钟。呼气时,握住手腕感受气息离开身体。然后,把你的注意力转移到外界,专注于地面、你的脚、手中的球,甚至交替感受大脚趾的感觉,或者注意观看大看台。仰起头,让你的眼睛向上看。
>
> 你得用深呼吸和一些关键语句让你从自己的脑海里走出来,找到一个外部的关注点,让自己回到现在,重新感受当下的状态。[36]

对于全黑人来说，完善这些策略让他们受益良多。全黑队在2007年世界杯锦标赛与法国队对决中败北。四年后，在2011年世界杯锦标赛决赛中，新西兰队再次面对同一对手。与2007年的遭遇类似，全黑队经历了一场紧张、激烈的战斗，最终以8比7的1分优势险胜，赢得了自橄榄球世界杯开赛24年来的第一次冠军。四年后，在2015年的世界杯锦标赛上，全黑队在决赛中以34比17击败澳大利亚队，成为第一支蝉联冠军的球队。

关于情绪调节的结束语

你可以使用很多策略来调节自己的情绪。但是，管理情绪可能会困难重重，并且选择正确的策略并不总是轻而易举。要特别关注你所经历的情绪，并掌握一系列有用的心理工具。你需要不断地练习才能掌握这些技术并有效地使用它们。但是，你别指望一使用这些技术就能产生立竿见影的效果。相反，随着时间的推移，你要试着找出最适合自己的方法。

虽然研究证明，5-4-3-2-1情绪着陆技术能够帮助你集中注意力或重新集中注意力，也有助于调节情绪，但你还是可以选择许多其他技巧来控制你的注意力。在下一章中，我们来看看这些策略。

第 3 章

你在想什么

提高专注度的工具

请允许我们分享一个亲身经历的故事，这与本章内容相关。

2006 年，斯科特前往印度参加在喜马拉雅山麓举行的为期五天的分赛段比赛。比赛前一天，他和最终冠军从该赛事总部米里克镇（Mirik）出发进行跑步训练。在小镇上有一个小湖，湖的四周是环形小路，这是跑步训练的绝佳场所。他们可以轻松适应跑步节奏，绕湖跑 6 圈左右，每圈 10 分钟，直到训练结束。

当斯科特回到小屋时，他的妻子史黛西（Stacey）问他："那儿是不是很棒？"原来史黛西也去湖边散步了，碰到了二十几个女人在庆祝排灯节。她们穿着亮黄色的衣服、裹着红色的披肩和头巾，蹲在湖旁边的小路上，拿着一些大碗，碗里装着一些水果、蔬菜和鲜花等作为贡品。

根据史黛西拍的照片，斯科特可以回想起这些细节。但他并没有注意到她们，无论是环湖的第一圈、第二圈或任何一圈。他并非有意识地要这么做，只是一直全神贯注于他的跑步训练。

在跑步历史上，注意力高度集中的示例要远比这个例子更令人印象深刻。2018 年波士顿马拉松大赛是在严重的灾害性暴风雨天气下举行的，两位获奖者直到比赛结束时才知道自己一路领先。在 2004 年奥运会马拉松比赛中，迪娜·卡斯托尔（Deena Kastor）直到最后 100 米才意识到她处于铜牌的位置。在第 1 章中，我们介绍了关注过程目标的重要性以及为什么这比考虑结果目标（比如赢得奥运会奖牌）更让我们受益。以此为基础，我们在第 2 章中介绍了情绪的力量，比如焦虑会让我们分散注意力，并让我们关注一些与任务无关的信息。本章将介绍成功的运动员如何磨炼他们专注于手头任务的能力，以至于会对周围的状况熟视无睹。

想一下你的想法是什么

本章的标题是"你在想什么"，这是诺埃尔在整个研究生涯中一直在追问那些从事耐力运动项目的运动员的问题，无论对方是初学者还是奥林匹克运动员。他们的回答让我们能够深入洞察运动员在巅峰时期的想法。诺埃尔记不清有多少次，他静静地坐在那里，痴迷地听着运动员们讲述在比赛和训练中他们的内心是如何挣扎的以及如何战胜困难的。

其中一个最常见的主题就是，无论体能上还是心理上快跑的难度都非常高。无论初学者还是奥运选手都是如此。要想脱颖而出，就要在深度关注的过程中表现卓越。这些运动员知道他们需要专注什么，更重要的是，他们有一个装满心理工具的百宝箱让他们可以保持专注。以 2015 年诺埃尔采访的一位精英越野赛运动员为例，她刚完成一场艰巨的比赛：

> 当我从 2 公里跑向 4 公里时，我在第一领跑梯队尾部跟跑。进入 3 公里时，我开始从第一领跑梯队掉队。保持跟上第一领跑梯队对我来说很重要，但我突然分神了 1 秒钟（有一个观众让我有些分散注意力）。我就对自己说，"不要分神儿，集中注意力"。接着，我就跟上了第一领跑梯队的步伐。我在那场比赛中获得了第 2 名。但如果我从第一领跑梯队掉队的话，我就没法再追上这个梯队，也就不会有这样的比赛结果。[1]

要在赛跑中获胜，通常需要运动员在内心深处先赢得这场战斗。对于那些前面提到过的运动员来说，这意味着抵抗各种各样的分散注意力的事件。有些来自外部，比如一个旁观者瞬间吸引了运动员的注意力。有些来自内心的想法，比如，焦虑或者有时无法抗拒地想要停下来或退赛的冲动。

那么，他们是如何做到的呢？运动员使用了什么心理工具来保持对任务的专注度？同样重要的是，如果他们分散了注意力，又如何重新集中注意力呢？

对于这些问题的早期回答出现在 20 世纪 70 年代末。通过一系列研究，心理学家威廉·摩根（William Morgan）和运动生理学家迈克尔·波洛克（Michael Pollock）分别采访了业余和专业长跑运动员，以找出他们在训练和比赛中所关注的重点。

他们的研究发现，无论是国家级还是世界级的马拉松选手都采用了摩根和波洛克所说的联想策略（associative strategy）。正如一项经典研究所述，"（这些跑步运动员）非常关注身体上的信号，比如不仅要关注呼吸，而且还要关注他们的双脚、小腿和大腿上的感觉；（他们）的步伐在很大程度上受到'大脑读取的身体信息'的控制；（并且）他们会不断地提醒或者告诉自己'放松''保持放松'等。"[2]

精英运动员在比赛中所注意到的细节让研究小组感到惊讶。到目前为止，人们一致的共识是要无视身体的感觉。如果快跑是一项艰难的运动，那么减少对身体感受的关注能让跑步者更好地关注于跑步本身吗？

摩根和波洛克很快注意到，专业马拉松运动员与业余马拉松爱好者的不同。他们不仅仅是跑步快慢差异数公里（既指实际路程上的差异，也比喻差异的巨大），而且心理策略也大相径庭。业余爱好者常常采取的策略是分散自己的注意力。换句话说，他们常常忽视自己的身体感受。他们会回忆过去，想象在听着音乐、唱着歌，有一个女跑步者甚至想象着自己正踩在两个令她厌恶的同事的脸上。

如何取舍这两种不同的思维方式，让我们处于进退两难之境！运动员的最佳思维方式是什么？哪种策略最让我们受益：分散注意力还是全神贯注？这些问题引起了诺埃尔的注意。当时是 2012 年年末，他正要开始在爱尔兰的利默里克大学攻读博士学位。2014 年，他对 112 项针对耐力项目运动员的专注策略研究进行了综述，并且发表了其研究结果。该研究的核心是，什么是耐力项目运动员重点关注的问题。[3] 在这篇综述里，他分别筛选出了那些支持分散注意力的证据和支持联想策略的证据。

分散注意力的示例

在回答这个问题之前，我们首先需要考虑一个更简单的问题。"最好"是什么意思？如果目标是表现"更好"（跑得更快），那么运动员可能会不惜一切代价避免分散注意力。

但这还不是问题的全部。在诺埃尔的综述中，他指出分散注意力有助于减少无聊感，让跑步更有趣，比如做白日梦、与陪练聊天、关注风景等。换句话说，当结果不再是跑得更快，而是让自己感觉更好时，那么最好是让自己分散注意力。诺埃尔采访过的一位业余跑步者这样说：

> 每当我外出跑步的时候，我的脑子都在胡思乱想，这就好像是大脑获得自由一样。这是我的时间，是我在思考，你理解吗？我没有坐在房间里，也没有在工作中，或许我并不是在真正地思索什么，而只是在想着自己的事儿。[4]

这些发现让我们了解到，在心理工具箱里分散注意力占有一席之地。这可能是一种管理情绪的有效方法。特别是当需要隔离不良情绪、冷静下来，并彻底摆脱情绪控制时，我们可以花些时间让自己处在自然环境中，比如乡村或公园。这是一个很好的方法。

为了探索自然环境所具有的改变我们感受的神奇力量，苏格兰的研究人员让 12 名学生完成一次时长为 25 分钟的横穿爱丁堡市的单人徒步任务。[5]沿着这条路线，每个步行者都要先穿过一条熙熙攘攘的购物街，再经过一个宁静的绿树成荫的公园，最后路过一个繁忙喧嚣的商业区。每个学生都戴着一个能够记录大脑活动的可移动的脑电图描记器耳机（EEG），来记录学生沿路行走时所体验到的不同情绪状态。

当学生走在公园里时，他们会感到更冷静，不太会感到沮丧。他们走在公园里时要比走在购物街和商业区时更容易进入沉思状态。当走在购物街和商业区这两个更繁华的区域时，他们需要的警惕性更高，也需要更专注。这些发现表明，大自然能让我们保持平静并恢复元气，让大脑从关注日常生活中那些令人紧张和精神疲惫的事件中解放出来。

斯坦福大学的一个团队开展了一项类似的研究，以深入探究自然对我们的想法的影响。[6]在这项研究中，有 38 名参与者在加州的帕洛阿托市进行了 90 分钟的徒步测试，场地为公园或最繁忙的大街。其主要相关研究成果是，参与者精神反刍的程度（反复对自我产生的消极想法）会导致其心理健康更糟糕。

这项研究设置了两个测量工具来衡量精神反刍的程度：一张自我报告量表（如"我的注意力总是专注于那些与我的某个方面有关的而我希望自己不再去想的事儿"）和一个大脑扫描仪（用来测量大脑中与精神反刍活动有关的区域的活跃度，即大脑中负责情绪控制的前额叶亚属皮质）。这两项测量都是在徒步前和徒步后立即进行的。

在公园中徒步的参与者，其精神反刍的程度比较低。徒步后的脑部扫描结果也证实了这一点，在公园中行走的参与者的前额叶亚属皮质活动处于低位运行状态。而在帕洛阿托市市区徒步的参与者没有出现这种变化，他们的精神反刍程度与走路之前一样处于高位运行状态。这项研究的新发现是，自然环境有助于我们摆脱日常的烦恼，并打破重复性的沉思方式。我们从这项研究中得到的启发是：有时，要想让自己的感觉变好，那么就去公园里散散步吧！

我们知道，运动员的自然环境利用法与之类似。[7] 对一些人来说，大自然能让他们恢复状态并为比赛做好心理准备。正如三届奥运会滑雪运动员安德烈亚斯·库特尔（Andreas Küttel）所说，"毋庸置疑，大自然每天都赋予我许多能量，但在某些场合下，大自然也能让我平静下来。"自然环境会帮我们减压，这得到了爱尔兰橄榄球联盟的退役球员罗西·福利（Rosie Foley）的认同。他满怀热情地说："这种情绪只是纯粹地放松，这就是我应有的感觉。这种感觉让人快乐！"

但这只是故事的一个方面。虽然一些分散注意力的事件具有积极的效果，如大自然让我们受益，但是在比赛期间，对运动员来说表现出最佳状态更为迫切，也更为重要。在这种情况下，全神贯注要比分散注意力的方法更有效。

集中注意力的示例

在深入钻研历时 35 年的研究成果后，诺埃尔很快发现：联想策略对运动员的表现影响巨大，远远超过先前预期。当运动员过分关注体感时，如呼吸或肌肉酸痛，他们会表现不佳。这样做会让人感觉完成任务的难度更大。相反，保持放松或者优化跑步技术等策略能让他们表现更出色，有时候他们甚至不会觉察到完成任务的难度增加了。

一项由 60 名经验丰富的跑步者作为测试对象的研究，详细地解释了其中的微妙之处。[8]这些人都完成了三次 5 公里跑，一次是在实验室的跑步机上，一次是在室内的 200 米跑道上，一次是在户外的平道上。一半的跑步者使用联想策略，他们在每次跑步过程中每 30 秒要关注一次显示在手表上的心率和速度的读数。另一半的跑步者使用分散注意力策略，他们戴着耳机听音乐。所有参与者可以按照各自喜好决定每次 5 公里跑的速度。研究小组还记录了跑步者的感觉是好是坏、对每次跑步困难程度的预计及其最后完成 5 公里跑步所用的时间。

与其他分散注意力策略的研究结果一样，该研究发现，听音乐的人在跑步过程中感觉更加平静，在户外跑步时比在室内跑步时的感觉要好。

然而，就跑步表现而言，监控心率和速度的小组的跑步速度要快于听音乐的小组，平均差距为 1 分 47 秒。对于运动比赛而言，参赛者要把握每一秒的比赛时间。1 分 47 秒显然是一个巨大的差异！

让人感到同样有趣的是运动地点对运动表现的影响。人们在跑步机上跑完 5 公里的速度，不但要慢于室内跑道（差距为 3 分 46 秒）和户外平道（差距为 4 分 2 秒），而且感觉完成跑步任务也最难！这很可能是因为在跑步机的环境下，没有精神刺激或分散注意力的事儿。在这种情况下，运动员或许只能把注意力集中在跑步的艰辛上。相反，户外平道不但是三个场景中被试者跑得最快的场所，而且也是感觉最为轻松的。

因此，可以得出结论，定期监测身体的感觉，保持与个人能力相适应的速度，可以让跑步者表现更出色。相反，分散注意力策略虽然可能会让跑步的速度变慢，但会让人感觉更愉快。实际上，我们关注的重点很重要，当优先考虑的是最佳表现时，那么掌握让注意力有效集中的心理技能就变得至关重要。

我们都能从这些研究成果中受益，学习如何像一个成功的运动员一样专注。正如 2015 年诺埃尔采访的那些越野赛跑步运动员所证实的那样，注意力分散不仅会影响运动成绩，而且也是造成其他风险（如交通事故等）的主要因素。分散注意力的危险已经众所周知。例如，使用手机。一项调查显示，避免使用手机可能会使 2008 年美国车祸发生率下降 22%，或减少 130 万美元的损失。[9]

但手机并不是唯一让司机注意力分散的因素。正如我们从诺埃尔采访过的初学者那里了解到的，胡思乱想也会让人分散注意力，虽然锻炼时胡思乱想会让我们感到愉快。2010 年 4 月至 2011 年 8 月，在法国波尔多大学医院的调查中，有 955 位病人在采访中承认自己在驾驶时的胡思乱想造成了破坏性的后果。[10]在评估每位患者是否要对导致其住院的车祸负责时（其中有 453 人应对车祸负责），研究人员让这些参与调查的患者描述车祸发生前他们脑海中的想法和情绪的强烈程度。

那些因驾驶员注意力分散所造成的车祸次数是那些专注开车遭遇车祸的 2 倍以上。导致这些车祸事故的还有一些其他风险因素，如使用手机、饮酒、缺乏睡眠等。但司机自己脑海中的想法会增加车祸风险是一项新的发现。

在这方面，学会像运动员一样思考也会让我们受益。在研究人员提出的干预措施中，减少分散注意力所造成的潜在致命后果，就要有效地训练驾驶员的专注技能，为他们提供持续专注的工具或在注意力偶尔分散时能够重新专注。其工具之一就是"正念"。许多运动员经过多年的训练和体验，已经对这个心理工具驾轻就熟。

专注于当下

正念是一种可以通过训练获得的让注意力集中的技巧。当我们保持正念的时候，就会注意到自己的思想、感受或外部干扰，但不会以任何方式对它们做出评价或回应。虽然我们对这些经历保持关注，但通过正念也会让自我从这些经历中离开，并将注意力集中在当前任务上。

现在举一个运动员避免分散注意力并坚持完成任务的示例。它发生在 2019 年美国网球公开赛决赛中。在这场决赛中，19 岁的加拿大选手比安卡·安德烈斯库（Bianca Andreescu）正在争夺职业生涯的第一次大满贯，对阵的是赛前最被看好的选手塞雷娜·威廉姆斯。比赛现场有 2.3 万名喧嚣叫嚷的观众，他们期望威廉姆斯能获得与玛格丽特·考特（Margaret Court）相同的战绩——24 个大满贯冠军。虽然安德烈斯库身处这种不利的场合，但是她也是一个意志坚定的劲敌，她保持了高度专注，以 6 - 3、7 - 5 直落两局拿下对手获得冠军。在赛后采访中，安德烈斯库讲述了自己是如何应对这种不利局面来获得她的第一个大满贯冠军的：

我对美国公开赛中观众的喊声如此之高充满敬畏。喊叫声很疯狂，但我很高兴能够见证这种疯狂，因为这是让这场比赛变得如此特别的原因之一。当时，我只能专注于我能控制的事儿，那就是我对这种场面的态度。我保持了镇静，这就是为什么我认为我处理好了整个情况的原因。[11]

那么，你怎样才能学会使用这种方式思考呢？你怎样才能保持专注，避免分散注意力呢？事实上，你在上一章中已经了解过相关信息了。斯科特在他 4 个小时跑步过程中使用的 5 - 4 - 3 - 2 - 1 情绪着陆技术，就是一种"正念"专注策略，它可以用来重新集中你的注意力。人们开发了许多正念干预法来提高运动员的注意力。让我们简要介绍一种方法：正念 - 接纳 - 承诺法（MAC），以深入了解该方法所涉及的各项活动。[12]

正念 - 接纳 - 承诺法的第一阶段是自然教育，从解释正念的概念开始。涉及的活动包括对最佳和最差表现进行讨论，以帮助个人认识到自己对想法、感受、外部事件的反应如何影响自己的表现。

接下来，你可能会发现这样做的价值。在不考虑所处的环境下，在识别所做反应的基础上进行反思，你自己最美好和最糟糕的时刻。当你表现最好的时候，你关注的是什么，你的想法和感受是什么，你对它们曾有何反应？你在那一刻的反应是有用的还是无用的？

完成此操作后，请用相同的方式处理你最差的表现经历。你可能会意识到，在表现不佳时，你关注了不同的信息或者对自己的想法和感觉做出了不同的反应。事实上，正如我们在第 2 章中所建议的那样，你所回忆的常常不是情境的好坏，而是你的想法和你对某个事件做出的反应。洞察到这一点很重要。通过这个反思的过程，你可以识别哪些暗示与任务有关，哪些想法会分散你的注意力，哪些反应可能会影响你的表现，这是你应该重点专注之处。这些与任务有关的线索正是比安卡·安德烈斯库心中所想，她说，"我只能专注于我能控制的事儿。"即便你不知道应该关注哪些线索也不要担心，稍后我们会在本章末尾为你提供一个心理工具来识别这些线索。

正念–接纳–承诺法的第二阶段是练习自我观察的技能。在被无关思绪弄得心烦意乱的时候，我们能够更加清醒地意识到这一阶段的重要性。

在这一阶段，将引入一个"天空和天气"的概念做隐喻，来帮助我们区分我们自己以及我们的想法和感受。[13] 在这个隐喻中，我们观察到的自己是天空，我们的想法和感受是天气。天气，就像我们的想法和感受一样可以很愉悦，也可以很暴躁。不管怎样，这些天气状况就像我们的想法和感受一样，来来往往，变化无常。而在任何一个时点，无论天气状况如何，天空（我们观察到的自己）总是保持不变的，虽然有时候会隐没了身形，但它总是在那里。

换句话说，我们自己与我们的想法和感受不是一回事儿。这是正念中意识和专注的本质。通过练习自我观察的技能，我们可以更加清楚地意识到自己在日常生活中的各种想法和感受，同时我们能够调整自我，以在任何既定时刻只关注那些相关事件。

一旦形成了正念意识和专注技能，我们就进入了第三阶段。这一阶段强调练习不予置评、不做反应地接受。这一阶段的重要目标是：让我们的想法与随之而来的感受分离开来。

举个例子。在比赛、考试或工作面试之前，你可能会有"我可能会搞砸"的想法，这可能会导致焦虑或恐慌的感觉。在上一章中，我们介绍了有助于改变这种无用想法的工具——重新评估。你可能会重新评估这个状况，然后想，"我已做好准备。我准备好了面对它"。这种重新评估能够降低你的焦虑或恐慌感。但这并非易事。在某些情况下，你会发现自己很难挑战或者改变那些毫无用处的胡思乱想。

正念之法另辟蹊径。正念接受并非要改变无用的胡思乱想，它意味着我们要观察并充分体验这些胡思乱想可能导致的想法和感受。接受这些想法和感受，并认为它们就像天空中飘过的云，这样做很多时候比与之抗争要容易得多。

理解正念接受的第二个隐喻是"池中之球"。控制无用的胡思乱想就像试图把水池里的球压到水面之下。不管我们怎么努力，这些球就像那些毫无用处的胡思乱想一样，在我们每次放手时都会不断地弹回到水面上。更糟糕的是，把球一直压在水面之下就像试图抑制不必要的想法一样，让人精疲力竭。正念接受是指我们放弃无用的挣扎，就让球浮在水面之上。它可能就在我们附近，这会让人不舒服。但就像天空中的积雨云一样，球、不想要的胡思乱想、令人不快的感受等也可能最终会消散于无形。

"我可能会搞砸"只是一个想法。"今晚我可能会赢乐透"也只是一个想法。这两种想法截然不同。如果我们把这些想法当真，专注并反思它们，那么它们都会分散我们的注意力或改变我们的情绪。正念的关键是觉知并接受这些只是想法的认识，仅此而已。一边阅读，一边调整你关注的重点，在你读到这页的页尾时，你的想法可能就飘走了。

一旦我们形成了正念意识、正念专注、正念接受，最后一个阶段就要把这些技能进行整合，并运用到训练、比赛和日常生活中。在赢得美国网球公开赛的六个月之前，比安卡·安德烈斯库在接受采访时透露，要完善这些技能可能需要很多年，但随着时间的推移，它们会成为一种有效的工具，丰富我们的心理工具箱。

> 在我很小的时候，妈妈向我介绍了"正念"。当时，我大概12 岁。我不只是锻炼身体，还锤炼精神，因为这也是非常非常重要的。确实如此，在许多时候，我都处于当下这个时间点。我不喜欢关注刚刚发生的事或者未来会发生的事。[14]

研究结果证明，正念训练无论在运动还是非运动环境下都能让我们受益。针对自行车越野赛运动员的一项研究发现，这些自行车运动员在经过七周的正念训练后，能够更好地识别并描述自己的情绪感受和身体感觉。[15]这些改变与负责解释和处理身体感官信息的大脑区域的活跃度有关。这项研究只有 7 名参与者，并且没有控制组对结果进行比较，其研究结果具有一定的局限性。尽管如此，其研究结果表明，正念训练让运动员在面对挑战时能够更加深入地了解自己的想法，并做出反应。

类似的结果也发生在那些在极端压力环境下表现出色的人身上。2014 年的一项研究发现，一组美国海军陆战队士兵接受了 8 周的正念训练后，在高压的训练演习中表现出色。[16]这个经过专门设计的正念训练项目，以培养士兵的专注力为目标，让他们的接受能力更强，更能容忍身体上的疼痛、思想上的痛苦、强烈的情绪和恶劣的环境条件。

在为期 8 周的正念训练后，接受过正念训练的小组和未经过正念训练的对照组进行了一次军事实战演习。在此期间，研究人员记录了一些关键性的压力指标，包括心率、呼吸频率、神经肽 Y 抗体的血浓度（身体对压力反应的重要指标之一）。在紧张的实战演习后，与未经过正念训练的对照组相比，接受过正念训练的海军陆战队士兵恢复得更快，他们的心率和呼吸频率恢复到正常状态的数值的用时更短，并且他们血液中的神经肽 Y 抗体的血浓度也更低。随后进行的脑部扫描显示，那些接受过正念训练的士兵对压力的反应较小，能够更好地处理情绪波动。总的来说，这些结果表明正念训练提高了海军陆战队士兵有效应对作战场景的能力。

正念训练的另一个好处是可能会增加"心流体验"（the experience of flow）。[17]这是一种罕见的"全神贯注"（in-the-zone）的状态，只有自己的表现达到巅峰时，我们才能感觉得到。对 92 名澳大利亚运动员的调查研究显示，那些在正念训练上得分较高的人，往往在心流体验方面的得分也较高，包括能够集中精力完成手头的任务，并在工作中更好地控制自我。[18]同样，对爱尔兰都柏林大学的精英运动员的研究发现，经过 6 周的正念训练，这些运动员的专注力得到了极大地提高，这也是心流体验的元素之一。[19]

尽管这些研究发现似乎并不复杂，但是它们的影响却是深远的。"全神贯注"的状态虽然经常被认为是神秘的状态，但是它往往就那么"发生"了。让自己处于"全神贯注"的状态，要比我们以前想象的容易得多。

全神贯注

想想你在工作或玩耍时的经历，你是如此专注于自己所做的事情以至于完全失去了时间概念。你不会觉察到在你周围的其他人，或者让你分散注意力的事儿。你做事时轻而易举且又自然而然，就像管弦乐队的指挥一样，你完全掌控了一切。

如果你有过这样的时刻，那么恭喜你，你经历过心流体验。在回想这一幕时，你会觉得这是你曾体验过的最令人愉快和最有价值的一个经历。你也会铭记这个经历，因为它很罕见，几乎是千载难逢，你一再希望自己可以回到过去的那个时刻。科比·布莱恩特（Kobe Bryant）曾先后 18 次入选 NBA 全明星阵容，随洛杉矶湖人队 5 夺 NBA 总冠军，他是这样描述全神贯注的：

当你进入全神贯注的状态时，你会无比自信地知道你进入了这种状态。这不是说要靠什么条件，也不是因为这个或者那个原因。你就是进入了这种状态！节奏会慢下来。一切都慢了下来，而你就是无比自信。你必须尽力保持处于当下的状态，不让任何事情打破这种节奏。当你处于全神贯注的状态时，你只需停留在那种状态。你会忽视正在发生的一切。你不会去想周围的环境、观众、团队的状况。你就是锁定在全神贯注的状态里了。[20]

科比对专注状态的描述在很大程度上呼应了本章的内容。最早进行心流研究的是芝加哥大学的米哈里·契克森米哈赖教授（Mihaly Csikszentmihalyi）。他将心流描述为一种极致体验，沉浸其中，无须刻意费力，专注任务本身。契克森米哈赖教授还提出了心流发生的三个必要条件，这对我们来说很重要。[21]

前两个必要条件（在第 1 章中已经介绍过）是制定明确的短期目标和能够立即收到进度反馈。第三个必要条件是能够在困难的局面和已有的技能之间实现平衡。虽然我们发现自己处于一个挑战难度高的局面，但是只有我们的技能足以胜任这项任务时，才会经历心流体验。本书通篇都在阐释这个技能所需的心理资源和技巧。

图 3 - 1 显示了挑战难度（从低到高的变化）和预期技能水平之间的平衡关系。[22]在图 3 - 1 的底部横向从左到右显示的是预期技能水平从低到高的变化。你对自身技能水平的认知可以根据你在优势档案部分给出的评分来确定。

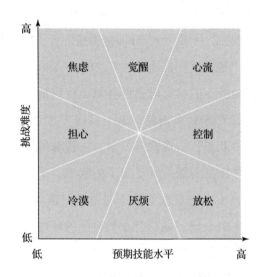

图 3 - 1　挑战难度与预期技能水平之间的平衡关系

图 3 - 1 纵向从下到上显示的是挑战难度从低到高的变化。心流出现在右上角，在这里预期技能水平高且挑战难度也高。

但这种平衡是脆弱的。如果挑战难度太高，超出了我们拥有的技能水平，那么我们就会担心或焦虑。在右下角，相对于我们的技能水平而言，挑战难度较低，我们感到放松。虽然这是我们的舒适区，但是在这里我们也会感到无聊。要经历心流体验，我们就要离开舒适区。这意味着，随着我们技能水平的提高或当我们掌握了所需技能后，要主动让自己面对更有挑战难度的考验。

我在哪个区域

尽管对心流的研究已经有四十多年了，但我们只是在最近才开始对体育运动员的心流状态的细微差别有所了解。最近一项覆盖了一系列体育运动项目的研究表明，实际上，在表现最佳时，我们可以体验到两种不同的全神贯注状态。除了传统的心流状态，似乎还有第二种竭尽全力的状态，称为超常状态。这些心流状态和超常状态已被分别标记为"让它发生"和"使它发生"。通过研究成功运动员的成功之处，我们逐渐理解在每种状态下使用的心理策略有何不同。

第一项旨在区分这些极致表现状态的研究是在 2016 年，其研究对象是 10 名职业高尔夫球手。[23] 主要研究者是克里斯蒂安·斯旺博士（Christian Swann）。他在观看了 11 场职业高尔夫锦标赛后，邀请那些表现出色的高尔夫球手来讲述他的经历。

那些提到"让它发生"的人描述了一个典型的心流体验场景，但超常体验与之不同。与"让它发生"不同，"使它发生"通常发生在高尔夫球手在高压状态下知道自己需要表现出色的情况下。为了迎接挑战，高尔夫球手们设定了固定的业绩目标，比如达到一定的分数，然后为达到这个目标而有意识地去努力。虽然在比赛结束后，他们会感到非常愉快和满意，但是在精神上也会很疲惫。高尔夫球手们觉得他们好像在倾其所有、无所不用其极地使自己的表现达到最佳状态。下面这段文字是一位高尔夫球手讲述的他在超常状态下的想法。你能从他的描述中找到哪些心理工具呢?

> 我会说,"好吧,我们就打这个球道,一次一杆。让我们待在当下,你可以做到的,放松、冷静、深呼吸、别担心,只是去打一下高尔夫球,就这么做吧!你能做到的。"

这些关于心流状态和超常状态的描述,为我们提供了如何管理这些状态的宝贵线索。具体而言,通过了解运动员在最佳表现时使用的心理策略,我们可以使用它们来尽可能地保持心流状态和超常状态。虽然如何做到这一点尚属心流研究的前沿问题,但是我们从采访运动员中了解到的是,先不要考虑如何保持心流状态或超常状态,先考虑如何进入这些状态。

进入恰当的状态

心流状态和超常状态似乎遵循着不同的路径。[24]心流体验发生在积极事件之后,它让我们知道自己的身体和精神都处于一个良好的状态。反过来,在一切都顺风顺水时,积极的反馈会让我们更有信心。在这些时刻,我们挑战自己,尝试更多困难的挑战,设定第1章所说的开放性目标,以探索我们能做得有多好。

有趣的是,让我们分散注意力的积极事物可以帮助我们管理并保持这些心流状态。与让我们分散注意力的消极事物用不相关的噪声来转移我们的奋斗目标不同,让我们分散注意力的积极事物会让我们摒弃那些可能会影响心流体验的分析性或批判性想法。正如科比·布莱恩特所反思的那样，"你必须尽力保持处于当下的状态，不要让任何事情打破这种节奏。"

而超常状态发生在运动员们意识到他们正处于命悬一线的境地，而结果悬而未决。在这些时刻，运动员们使用不同的心理工具来发挥他们的最佳水平。这些工具包括设定具体的目标、使用放松技巧，并以一种激励性或指导性的方式进行自我对话。

到目前为止，证据越发充分，我们也越发清楚地意识到，正如我们在前言中所阐述的那样，运动员的思维方式要比那种认命、有苦才有甜等老掉牙的糟糕透顶的体育电影所展示出来的要有技术含量得多。相反，成功的运动员都能收放自如地使用本书目前为止所介绍的那些工具，包括目标设定、如果－那么计划、重新评估、放松呼吸以及正念思维，以帮助他们专注于当下时刻。学习这些技巧也会帮你表现出色，无论你的处境如何。正如我们将在本章的最后篇幅中所介绍的那样，我们可以在工具箱中不断添加更多的工具。

专注于可控的

在本章前面，我们曾许诺要提供一个心理工具，来帮你专注于你所能控制的事物。首先，要思考一下，在任何给定的情况下，哪些是你可以控制的，哪些是你无法控制的。然后，也是最重要的一点，在那一刻集中注意力，就像比安卡·安德烈斯库在 2019 年美国网球公开赛决赛的关键时刻所做的那样，专注于你最能控制的事情。

控制映射（control mapping）是区分可控和不可控的表现变量的

一个工具。[25] 要完成控制映射练习，只需把一张纸分成两列，如表 3 - 1 所示。在第一栏中列出某种情况下所有的可控因素，包括那些虽然不能直接控制但可以施加影响的部分。所有的不可控因素都可以记录在另一栏。如果你是在白热化的气氛下参加重量级的网球锦标赛的决赛，就像比安卡·安德烈斯库在 2019 年参加美国网球公开赛一样，在这些时刻，你都能控制什么呢？同样，哪些因素会超出你的控制范围？我们在表 3 - 1 中列出了一些示例，但是你可能会想到很多其他因素。

表 3 - 1　控制映射练习

可控因素/可以施加影响的部分	不可控因素
我的精神状态	观众的做法
我的注意力和专注力	比赛的重要性
我的努力程度	比赛场地
我的计划（包括如果 - 那么计划）	天气状况

不可控因素包括观众的做法、比赛的重要性、比赛场地和天气状况。然而，我们经常关注这些事情，担心它们，分散了对更重要的事情的关注。虽然了解这些变化会有裨益，但是有必要对它们进行评估以区别对待，或正念接受那些我们无能为力的事实。换句话说，为什么要浪费精力去担心那些我们无法改变的事情呢？

你可以控制的因素或者使用心理工具可以施加影响的部分，包括你的精神状态、你的注意力和专注力、你的努力程度、你的计划等。如在第 1 章提到的帕特里克·马霍姆斯和迈克尔·菲尔普斯一样，你要事先计划如何应对挑战性环境。[26]在正式活动开始之前，你的准备工作也在你的控制之内。这不仅包括身体准备，也包括练习一些到目前为止你已经学会的心理技巧，比如重新评估、放松和正念接受等。

专注于这些可控因素的重要性再怎么强调也不为过。研究表明，通过专注于可控因素来增加控制感会影响我们后来的情绪体验。较强的控制感会让我们的状态更积极，如兴奋和心流体验，因为我们更可能把这种情况视为一种挑战，并且我们拥有的技能水平足以应对这种挑战。[27]相反，较低的认知控制力（关注不可控因素的结果）可能会导致徒劳无功的反应，如焦虑和担忧，因为我们更可能把这种情况视为一种威胁，并且这种威胁超出了我们目前所具备的技能水平。

让它成为一种例行程序

养成良好的习惯能帮助你集中注意力。成功运动员常用的两种惯常做法是行动前的例行程序和行动后的例行程序。

行动前的例行程序包括运动员在马上要实施某个技巧前的想法和行动。[28]行动前的例行练习可以帮助我们避免注意力分散，专注于任务相关的当下时刻。一个有效的行动前例行程序由三部分组成：准备、想象和聚焦。[29]

准备是指要引导我们的思想和情绪来创建最佳表现的状态。高尔夫球手在击球前，可能会深吸一口气让自己冷静下来，然后释放紧张的情绪。想象是指在脑海中想象一个表现最佳的样子。高尔夫球手可以想象球就会落在他想要的地方。最后，要聚焦。高尔夫球手可能会把注意力集中在外部物体上，比如球上的某一点，或者一个触发词或短语（之后的篇幅将会详细介绍这部分内容），这会有助于排除徒劳无用的想法或者分散注意力的事物。

制定自己的行动前例行程序计划，无论是在运动、考试、工作或其他环境下，都会提高你的专注度。但有两点需要注意。第一，例行程序计划应具有个性化和灵活性。尝试那些适合你的方法，并准备好按照具体状况来调整你的例行做法。例如，有时运动员会根据任务的难易程度来加快或者放缓他们日常活动的速度。第二，需要定期审查和修订例行程序计划。坚持同一个程序的时间太久，可能意味着我们熟悉了这个流程，这也更容易让我们分散注意力。要对日常惯例保持新鲜感，它才能发挥用处。

行动后或失误后的例行程序也同样重要。对于运动员来说，赛后例行训练会让他们不再苦思冥想，在犯错误后能控制自己的情绪。例如，泰格·伍兹（Tiger Woods）有一条规则，只要他击球失误，他就不再想这件事，而是重新专注并思考接下来 10 步的打法。[30]

最近，一项对高尔夫球手的采访研究表明，有效的例行程序开始于快速评估一次击球的过程和结果。[31]在这次短暂回顾之后，高尔夫球手会转移注意力、管理自己的情绪，特别是在犯错之后。他们可能会通过与球童聊天来分散自己的注意力、注意观察周围的环境或者喝一口水。这样做可以帮助他们理清思路，更有效地重新专注于下一次击球。一位高尔夫球手描述了他击球后的例行做法：

在（击球）之后，我会从中立的角度反思，评估击球的过程和结果。把高尔夫球杆插入袋子里，我在离开那个区域时，大脑中根本就不思考任何事儿，我会看向天空欣赏美景。

使用触发词或短语

触发词或短语是最终策略，你对自己说的话也可以帮助你集中精力来克服注意力分散，并让自己重新专注。

这是多数人每天都在使用的一种策略，也许我们并没有意识到这一点。例如，"车镜、信号、操作"的口诀是诺埃尔从他的驾驶教练那里学到的，这是让他能够安全驾驶的重要做法。

现在举一个与橄榄球有关的例子，它不仅说明了我们可以如何向运动员学习，而且说明了运动员如何从日常生活中获得技能。英格兰橄榄球联盟的队员们在 2003 年橄榄球世界杯的比赛中获胜，当时他们创造了一个短语——"横杆、边线、横杆"。在比赛充满压力的关键时刻，球员们更容易被不相关的想法或事件分散注意力，重复这句话有助于让球员们将注意力集中在可以创造得分机会的球场上。[32]

触发语不仅有助于集中我们的注意力，而且还可以描述我们在任何特定时刻的感受。例如，诺埃尔曾在运动员身上使用的一个口诀是"冷静、自信、控制"。将 5 枚 NBA 总冠军戒指收入囊中的史蒂夫·科尔（Steve Kerr）曾使用类似的策略。他自称是一个"过度思考"的人，总是去想那些没有投篮命中的球，于是便在他鞋子上写了2个字母"FI"。这代表着"去他的"的心态，暗示自己丢掉那些消极得令人心烦意乱的想法。这就是在态度上的一种正念接受！这显然对科尔有益。在职业生涯早期，他曾在许多关键投篮上失误。当他把"FI"写在鞋子上后，在1997年NBA总决赛第6场比赛中，他为芝加哥公牛队投中锁定冠军头衔的一球。[33]

　　本例让我们了解一些能让运动员表现出色的核心技术。正如史蒂夫·科尔的轶事表明，改变你对自己所说的话会对你随后的感受和表现产生巨大的影响。

第 4 章

与自我对话

自我对话的工具

2012 年，奥运会马拉松比赛进行到一半时，梅布·科弗雷兹基（Meb Keflezighi）准备退赛。

这位美国卫冕冠军的退赛理由越来越充分。长期以来的脚部问题，因伦敦的鹅卵石路面而加剧。为了迁就脚上的疼痛，他步态不稳，导致腿筋拉伤。在一个离起点较近的补给站，人们递给他的饮料不是他指定的饮料，而是他的队友赖恩·霍尔（Ryan Hall）的。科弗雷兹基把瓶子递给霍尔，霍尔随后又把这瓶饮料递还给了他。当时是一个潮湿的夏日早晨，科弗雷兹基知道自己需要液体，所以他没有去遵循绝不在比赛日尝试新饮料的重要原则。但是，霍尔的饮料并不适合科弗雷兹基。他感到胃痉挛，并开始掉队。到了赛程过半的时候，这位 2004 年马拉松银牌获得者已经落后至 21 名的位置。

"我应该退出。"科弗雷兹基对自己说，"我的脚很痛，每多跑一英里落后的差距就更大。我感觉自己要生病了。还有不到 3 个月的时间我就要参加纽约市的马拉松比赛，我应该为那场比赛留点体力。"

科弗雷兹基低头看了看他的赛服，在他的胸口上面印着"美国"。他想，"有多少人想穿这件参赛运动衫。他们很愿意处于我的位置。"科弗雷兹基还回想起，自己在赢得美国选拔赛后说过，这支要参加奥运会的队伍有多么强大。他问自己："我说过这话却退赛了，这件事看起来会怎么样？"最后，科弗雷兹基想到了乘飞机来伦敦看他比赛的家人和朋友们，他们正在终点等着他，尤其是他尚且年幼的女儿们。"退赛给她们树立了什么样的榜样？"他问自己。

在考虑了各项因素之后，科弗雷兹基对自己说，"无论发生什么，都要到达终点。"

然后，发生了令人震惊的事情。利用多年的跑马经验，科弗雷兹基跟上了最近的一个梯队，因为他知道，在马拉松的后半段，如果有人陪他跑，他会跑得轻松些。当他的心情平静下来后，胃不适也得以缓解，他的竞争本能开始活跃起来。"至少超过这群人中的一个。"他告诉自己。他的排名从第 21 位变为第 20 位、第 19 位、第 16 位，其他跑步者渐渐跟不上他的跑步速度。在一次又一次地成功超越后，很快他的梯队中就只剩下他和一个日本选手在领跑。

在还有大约 3 英里的路程时，科弗雷兹基看到了他的老教练鲍勃·拉森（Bob Larsen），他五指张开向他示意。科弗雷兹基知道拉森的意思是如果他超过日本选手，他的名次会是第五名。他紧随这个高个子日本选手，在距离终点还有不到 1 英里的路程时，他赶超了过去。他祝贺自己又回到了第五的位置。随后科弗雷兹基向前看去，他看到了穿着一件黄绿相间的跑步衫的巴西选手。"这个位置是第四名。"他告诉自己，"如果有一名奖牌获得者不能通过赛后的兴奋剂测试，排名在第四位者就会获得一枚奖牌。追上他！"科弗雷兹基在距离比赛终点还有 600 米时超过了巴西选手，最终排名第四位，而在 1 个多小时前他几乎要退赛。

科弗雷兹基在 37 岁时所取得的这个成就，让他相信自己仍然能够与世界上最优秀的选手一较高下。一年半后，他证明了这一点，他赢得了 2014 年波士顿马拉松赛的冠军。在两次比赛中，科弗雷兹基的自我对话就像他所进行的体能训练一样，对他的成功起到了不可或缺的作用。

自我对话

在 2012 年奥运会马拉松比赛期间科弗雷兹基的经历说明，我们对自己所说的话在任何情况下都能改变我们的感受和表现。然而，像运动员一样思考并不总是指要积极、乐观、专注。事实上，恰恰相反。正如我们在前几章中所了解到的，像运动员一样思考通常是指体验过消极的想法，比如"如果我表现不佳怎么办"或者"如果我搞砸了怎么办"。科弗雷兹基的例子也表明，即使是最成功的运动员，也会经历注意力不集中、犯错误或内心的声音告诉自己放弃等。

但是，成功的运动员掌握了一系列的心理策略来应对这种内在的声音的挑战。对于 2012 年奥运会马拉松比赛期间的科弗雷兹基来说，从代表自己的国家中获得灵感，重新评估所处状况，提醒自己在奥运会中拼搏对他自己、家人和朋友们的意义。还有一些运动员也采取了类似的方法，并在比赛中胜出。下面这段话来自 2019 年获得 200 米世界冠军的英国短跑选手迪娜·阿什 – 史密斯（Dina Asher-Smith）：

> 在重要的竞争或比赛之前，你不要去想消极的事情。你不会真的想做不好或者想去犯那些可能会犯的错误，因为你不会想要谈及这些，也不会想让它们出现。所以，你要一直积极地思考，你总要想一想你想做什么、你接受过的训练要求你去做什么以及这样做有什么效果。[1]

像重新评估和正念接受这样的技巧，可以让我们渡过这些自我怀疑的时刻。但掌握这些技巧的应用流程也需要一定的时间，在我们学会应用这些技巧之前，可能还很难应对那些具有挑战性的时刻。在诺埃尔的一项研究中，有一个新手谈及了在刚参加跑步运动时所有典型的消极想法：

一开始我呼吸不正常。我的全部注意力都集中在呼吸上……我调整不好。我用了好几个星期来调节它！还有（我对自己说）："为什么我要做这个，为什么我要让自己经历这一切？我讨厌这个，我讨厌跑步！为什么我要跑步？"[2]

这些消极的想法（我们有时对自己所说的话）反映的不仅仅是运动员可能体验过的内心挣扎，在日常生活中大多数人也会有这些想法。一个参加高难度的数学考试的学生可能会想，"我搞不懂这个。我一直讨厌数学。我的数学总是很烂。我放弃了。"或者在求职面试或公开演讲之前，你可能会想，"我不知道我在说什么。每个人都会知道我什么都不懂的。我能逃走吗？"

所以，让我们更加深入地了解自己内心的声音（不要局限于本书所叙述的内容），让我们探索在困难时刻如何更好地应对常常浮出水面的那些疑虑。首先，让我们看看这些想法是什么以及它们来自哪里。

什么是自我对话

心理学家把我们与自己的交流称为自我对话。很多时候，我们的自言自语在相当大的程度上是自发的，既有心血来潮，也有目标明确的话语。[3]心血来潮的自言自语可能是积极的，比如"你做得很棒！"但是，正如在前两章中所看到的，当我们面临困难或压力时，这些想法也可能是消极和情绪化的。在这些时刻，我们告诉自己的故事版本，如"我做不到"，常常是我们在无意中想到的。这些自发的话语可能会帮倒忙，让我们表现不佳甚至自我放弃。到目前为止，本书介绍的很多工具都可以用来处理那些徒劳无用的想法。本章的目标是通过添加另一个工具，让你的心理更强大。

目标明确、能为成功助力的想法是通过我们不断重复的那些语句来实现的。通过重复来促进任务进展、控制情绪，最终让我们表现出色。例如，一个跑步者在艰难爬山的过程中挣扎着，却重复着像"我能做到的，我以前做到过"等激励性话语。他要比那些自问"我为什么要这样做？我讨厌这个，我讨厌跑步！"的人更有可能坚持下去。同样的道理也适用于一个接受面试的人，其自发的、消极的自我对话会让他这样想，"我不知道我在说什么。大家都会知道我什么也不懂。我能逃走吗?"

比起自发出现的那些消极的想法，如"我做不到"，使用更积极、更鼓舞人心的话语，如"我能做到"，可以让跑步者和被面试者在各自的任务中表现得更加出色。那么，从运动员的自我对话中可以学到哪些本领，以让我们在生活中战胜困难重重又充满压力的挑战?

改变故事版本：自我对话训练对运动员的作用

对于运动员来说，自我对话在本质上通常具有激励性或指导性。

激励性自我对话（有时被称为积极的自言自语）有很多功能，它会让我们更加努力（"我要把我所有的东西都给它"），或者让我们更有信心、更自信（"我能做到"）。相反，指导性自我对话是指一些暗示或触发词。像我们在上一章中提到过的"车镜、信号、操作"和"横杆、边线、横杆"等口诀，这种自言自语可以让我们集中或转移注意力。

自言自语大多是在我们的脑海中私下悄悄地发生的。然而，在某些情况下，我们会大声地说出这些与自我的对话。通过一些实例，能够更深入地了解运动员的自我对话方式。举例来说，一个美国橄榄球联盟球员的自我对话的剪辑在 YouTube 上很受欢迎。[4]在视频里，我们听到了当时效力于绿湾包装工队的外接手兰德尔·科布（Randall Cobb）的独白:

> 你想成为什么样的人？你想要合格，还是想要卓越？你想让别人记住怎样的你？我就是想要被人们记住！勇气、骄傲、决心！你是谁？让我们出发吧！

在视频片段的后面，我们将听到科布在比赛开始前的指导性自我对话，以增加他在赛前的注意力："保持专注，锁定目标。锁定目标！"

关于表现状态的研究者越来越多，人们关注于培养激励性和指导性自我对话的益处。现以在英国威尔士班戈大学进行的一项研究为例[5]。24 位非专业训练的个人完成了两次骑行，以 80% 的巅峰速度快速骑行，骑行得越久越好。这项任务被称为"疲劳时长"测试。这需要高强度的体能支撑，大多数人可能会坚持大约 10 分钟，就不得不停下来。

在第一次疲劳时长的实验中，所有 24 名参与者只是竭尽所能地尽快往前骑行，在没有任何特殊指导或激励的情况下完成了测试。在两周后的第 2 次疲劳时长实验之前，有 12 名参与者接受了在任务中使用激励性自我对话的培训。这 12 名参与者在第一次实验后立即接受了 30 分钟关于什么是自我对话的介绍，让他们掌握 4 个对个人有意义的具有激励性的话语。这些话语会在不同时期帮助他们完成骑行任务。例如，在任务进行到一半时，他们感觉还行，就会重复像"你做得很好！"或者"感觉很好！"等话语。

在实验中，当骑行任务不可避免地变得越来越艰难时，参与者被敦促使用更加鼓舞人心的话语，如"撑过去"。在两周后的下一次疲劳时长实验开始之前，这12名参与者在常规训练中把这些话语变得更加个性化，不断练习并精炼它们。另外12名参与者则继续进行常规锻炼。

第二次疲劳时长实验的结果表明，进行自我对话的参与者的疲劳时长平均延长了18%，比第一次测试的持续时间增加了近2分钟。同时，那些没有进行自我对话的参与者在第二次实验中的表现要稍微（尽管不太显著）糟糕些，平均比第一次实验的持续时间少了12秒。

这些研究发现表明，在充满挑战的时刻对自己说的话，会让我们的表现截然不同。但是，当人处于困顿时期时，想在内心保持一种激励性的声音绝非易事。相反，我们经常会经历某种心理危机。在这些怀疑自我的时刻，我们可能会想到继续下去的代价（如我们的所有付出）以及停止和放弃的好处（如我们可以利用时间做更令人愉快的事情）。

正如梅布·科弗雷兹基在2012年奥运会马拉松比赛上的经历表明，这些心理危机也会影响运动员的表现。一项对马拉松运动员的研究表明，许多马拉松运动员在20英里至26.2英里左右会经历心理危机的高峰。[6]该研究分两部分进行。第一部分研究发现，跑步者在20英里时产生的消极想法越强烈，他们完成赛程的时间就越慢，这也许不足为怪。

在第二部分的研究中，参与者被分成了两组。其中一组由55名马拉松长跑运动员组成。他们接受了自我对话训练。当遇到心理危机时刻，他们能够使用激励性话语，如"坚持！不要放弃！""保持冷静，你会做到的!" "如果我能做到，我会为自己感到骄傲的"。把这组接受过自我对话干预的马拉松长跑运动员的表现与另一组（由 50 名没有参加过自我对话训练的长跑运动员组成）进行比较。结果表明，在经历严重心理危机时，接受过自我对话训练的长跑运动员能用激励性和指导性的话语克服自己的消极想法，并且跑完全程的时间要少于那些经历过类似的心理危机但却没有任何有效的自我对话策略来应对的长跑运动员。

注意，经历过自我对话训练的长跑运动员仍然会有消极的想法。事实上，两组被试者都考虑过坚持下去的代价以及停止和放弃的好处。但是，大量的激励性话语在这些挑战性时刻起到了缓冲作用。与那些没有接受过自我对话训练的长跑运动员相比，这有助于提高那些接受过自我对话训练的长跑运动员的成绩。

这些发现与针对运动员的自我对话的大量研究结果相一致。各项研究结果都表明，激励性和指导性的自我对话有助于让运动员在完成任务时表现更好[7]。

有趣的是，尽管消极的自我对话通常不会让表现出色，但是它也不会一直让表现欠佳。[8]这可能是因为我们有时也会把消极的自我对话理解为一种激励。例如，告诉自己"这还不够好"，可能会激励我们下次更加努力。根据这种观点，我们从自我对话中所理解到的意义最为重要。如果它是激励性的，那么它就会让我们表现更好。[9]然而，我们会把消极的自我对话解读为令人沮丧或者让人情绪低落，因此它不太可能会让我们感觉更好或表现更佳。

重要的是要能改变于事无补的自我对话。把消极的自我对话转变为更为积极或更有指导性的自我对话的重要性，得到了加拿大纽布伦斯威克大学研究人员的研究证实。[10]该项目共有 93 名参与者。根据预测的 VO2 最大值（对有氧体能的一种估算）进行匹配，然后把参与者随机分为四个自我对话小组：消极的自我对话小组、激励性的自我对话小组、挑战性的自我对话小组和中立性的自我对话小组。随后，所有参与者完成 20 分钟的自行车骑行测试，在测试期间他们要尽可能地快速骑行。

在计时实验前的半小时，会有人帮助每一组的参与者设计个性化的自我对话，可以在骑行的困难时期重复这些话语。消极的自我对话小组的参与者，会重复那些我们在任务变得艰难时可能经常会对自己说的话，如"我的腿好累"；而激励性的自我对话小组的参与者会重复使用如下语句，如"坚持下去"。

这项研究的创新之处在于挑战性的自我对话小组所使用的对话过程。这些参与者被引导要承认他们内心的消极声音，但也学会了在消极声音之后紧接着说另外一句话，这句话把消极的自我对话看作是一种挑战，比如"我的腿好累，但是我可以撑过去"。最后，中立性的自我对话小组中的个人作为对照，重复那些不包含任何消极、激励性或挑战性的话语，比如"自行车是红色的"。

在 20 分钟的计时赛中，按照 5 分钟一个时间段，对每一个车手的表现进行分析。在最后 5 分钟的时间段里，疲劳感最强，车手们通常会尽力提高速度以便回家休息，其中挑战性的自我对话小组的表现最佳。在最后 5 分钟里，这个小组中的所有人骑行的距离要比消极的自我对话小组中的所有人多骑行约 200 英里。而后者的骑行距离是四个小组中最短的，这也许毫不奇怪。

该研究的结论是，挑战性的自我对话有助于参与者承认自己内心的消极声音，并且接受它，而不是试图去抑制它，然后专注于克服这种消极声音所代表的挑战本身。因此，与消极的自我对话小组相比，挑战性的自我对话小组的参与者把某个状况视为挑战，而不是威胁，这有助于改进他们的表现。

现在举一个把消极的自我对话转变为更具激励性和挑战性的自我对话的实例。在 YouTube 上有一段德国网球选手汤米·哈斯（Tommy Haas）在 2007 年澳大利亚网球公开赛四分之一决赛中的视频。[11]汤米·哈斯在对战尼古拉·达维登科（Nikolay Davydenko）时，击球下网失掉发球局。在视频中，哈斯在比赛中间休息时严厉地批评自己。但请注意，随着他的主观意识逐渐浮现，他消极的自我对话很快变得更具指导性和激励性。他的自我对话是从德语翻译过来的：

> 这样你赢不了，哈斯。这样不行，不是这样的。简直弱爆了。失误太多，失误太多。每次都这样。我已经没冲劲儿了。我再也受不了了。我到底在干什么？为了什么？为谁？除了我自己！为什么？为了什么理由？我做不到。我不明白。我付钱雇那些人，却没有收获，绝对啥都没有……（他喝了一口饮料）这样我就可以不开心了吗？你是个十足的白痴！再说一次，你只是没上网拦击，但是你会赢的！你会赢得这场比赛。来吧！你不能输。加油，加油，加油！

视频中还包括哈斯在接下来的达维登科发球局中赢了第一分。

实际上，哈斯接着以 3 比 2 赢得了比赛，晋级半决赛。

哈斯的独白很有趣，同样有趣的是他巧妙地改变了称呼自己的方式，从直呼其名（"这样你赢不了，哈斯"），到用第一人称（"我再也受不了了……我做不到"），最后再次使用第二人称（"再说一次，你只是没上网拦击……来吧！你不能输"）。在继续比赛之前，当他使用更多的指导性、激励性、也许是建设性的自我陈述时，本质上他似乎完成了从谈论"我"（他自己的自我反思）到"你"（教练对运动员的指导）的转变。

这引出了一个有趣的问题。到本章为止，我们已经看到，对自己说的话有助于我们去应对充满挑战和压力的事件。但是，我们如何构建内心独白的微妙变化也很重要吗？

你在和谁对话

为了解我们自我对话的效果，班戈大学的一些研究人员对上面提过的疲劳时长实验进行了后续研究。16 名被试者分三次进行了 10 公里自行车计时赛。[12]第一次实验设定了表现的基准水平，目的是让参与者熟悉研究的流程。在第一次实验后，参与者学习了什么是自我对话，并练习了自我对话。在此期间，参与者整理了他们在第一次实验中自发出现的自我对话，并发展出一套替代话语清单，他们可以在接下来的两次实验中使用这些具有激励性的自我对话。参与者记录了这些话语的两个版本：一个是以第一人称"我"开头，另一个是以第二人称"你"开头。例如，如果一名参与者在第一次实验中说"这很痛苦"，那么这句话可以转化为一个更具激励性的以第一人称和第二人称开头的句子，如"我能承受这个"和"你能承受这个"，以及"我可以继续下去"和"你可以继续下去"。

在剩余的两次实验中，参与者随机决定哪种情况用第一人称、哪种情况用第二人称。结果显示，尽管参与者认为"我"和"你"开头的话语都具有激励作用，但是他们在计时赛测试中用第二人称（"你"）时比用第一人称（"我"）时的骑行速度快了2.2%（或23秒）。然而，重要的是，在测试实验中，不仅参与者在使用第二人称时骑行速度更快，而且他们在用第二人称时并未感觉到要比用第一人称时更难。

这项研究表明，我们对自己的说话内容和说话方式都很重要。让我们回想一下前面提到过的梅布·科弗雷兹基和汤米·哈斯的例子，他们开始都用第一人称来进行自我对话。后来，当他们的话语从投降放弃转为解决问题时，他们开始用第二人称来称呼自己。

我们和自己对话时用第二人称或我们自己的名字时，会创造一种自我疏远的效果，并从心理上使我们自身和所处的严峻状况之间产生一种距离感。保持距离并采取不同的视角，是一种重新评估的方式。我们据此对当前情况进行评估，似乎这种情况发生在别人身上，而不是我们自己身上。采用这种视角会改变我们的情绪反应，以及我们在某种状况下的感受。[13]与之相反的是一种自我沉浸的视角，我们的各个感官都深受那些发生在我们身上的事件所导致的情绪的困扰（如，"我做不到。我不理解。"）。尽管对运动员的研究是一个相对较新的领域，但是来自非体育领域的证据似乎证实，使用第二人称自我疏离的视角而不是第一人称自我沉浸的视角，让我们更容易改变对当下压力事件的解读。[14]

现在举一些关于自我疏离有助于表现出色的例子，它们来自密歇根大学安娜堡分校、密歇根州立大学、加利福尼亚大学伯克利分校等的研究人员的学术成果。[15]这些研究人员组成调查小组，调查并对比在社交压力情境之前、期间和之后，使用第一人称代词（如"我"或"我的"）和第二人称代词（如"你"）以及自己的名字，来调节自我的想法、感受和行为的状况。

这些状况包括给潜在的恋爱对象留下积极的第一印象，就像一个人在要约会时可能要做的那样；发表公开演讲或接受采访；反思引起焦虑或愤怒的过往事件。

研究人员发现，与那些在自我对话时使用第一个人称的人相比，那些使用第二人称或自己名字的人不那么焦虑，并在评估压力事件（如公开演讲等）时，把它看作是一种挑战而不是威胁。他们的愤怒感更低、羞愧感更少，当反思这些事件时，他们的感觉也更好。使用第二人称进行自我对话的人在进行公开演讲或者接受采访时，也被其他人在主观上评价为表现出色。在这篇研究论文中有一个很能说明问题的例子，研究人员深入观察了一位男性参与者在一次约会时的自我对话，这次约会显然引起了他的焦虑。如果你也有过类似经历，请举手：

（参与者的姓名），你需要放慢速度。这是一个约会。每个人都会紧张。天哪，你为什么这么说？你需要把话题拉回来。来吧，伙计，操作起来。你可以做到的。

这些研究表明，当我们在压力下进行自我对话时，除了所说的内容，对自己说话的方式的微妙变化也能深远地影响我们管理自我的想法、感受和行为。也许这就解释了为什么有些运动员在提到自己时会使用第三人称。这项自我疏离研究的作者们强调，NBA 超级巨星勒布朗·詹姆斯（LeBron James）的决策过程反映了该策略的潜在效果。

2010 年，当詹姆斯做出改变职业生涯的决定，离开克利夫兰骑士队转投迈阿密热火队时，他回忆道，"我不想做出一个情绪化的决定。我想做出对勒布朗·詹姆斯来说最优的选择，让勒布朗·詹姆斯高兴。"[16]

如何改变你的自我对话

现在你已经知道自我对话会影响你的想法、感受和行为，接下来让我们了解一下当你需要的时候，如何改变你的自我对话。

帮助运动员改变他们的自我对话的方式有很多种。我们可以使用在第 2 章介绍的重新评估工具。改变你的自我对话，是从注意并意识到自己自发出现的想法开始的。

一种方法是在一周的时间里每日记录你的自我对话。当你写日记时，要回答的重要问题有：

- 当事情变得艰难时，我会对自己说什么？
- 哪些单词或短语会一直跳出来？它们是消极的还是积极的？
- 我的自我对话让我感觉如何？
- 我的自我对话对那一刻的状况是否有帮助？

反思你写的日记会让你注意到内心喋喋不休的声音所产生的影响。反过来，这是你改变那些不太有用，甚至具有破坏性的想法的依据。

许多运动心理学家都会向运动员推荐采用影响法（IMPACT）来改变自我对话的内容。[17]在《运动中的耐力表现：心理学理论与干预实践》（*Endurance Performance in Sport：Psychological Theory and Interventions*）一书中，运动心理学家阿利斯特·麦考密克博士（Alister McCormick）和安东尼斯·哈兹格鲁吉亚迪斯（Antonis Hatzigeorgiadis）提出了提高运动员耐力的六步影响法。[18]我们将对这些步骤进行简要介绍，并举例说明如何使用这种方法来处理那些日常生活中毫无益处的自我对话内容。

第一步，确定你想要实现的目标。

首选要确定你想要通过自我对话实现什么目标。这可能是为了在压力下表现更好，为了克服你所犯的错误，为了更加努力并能坚持不懈，为了提高你在当下的专注力。确定你想要实现的目标，有助于你决定要对自己说什么。

第二步，让你的自我对话符合你的需要。

根据环境和所处状况，你的自我对话中可能要有更多的鼓励性或激励性话语。简短直接的话语，如"你能做到""坚持下去""你就快到了"或者像"你做过比这更难的事儿"这样的提醒，都有助于让你更努力和更执着，从而更相信你能实现自己所设定的目标。像"你需要减速"或"保持专注，保持锁定"这样的指导性话语，也能让你专注于手头任务的可控因素。

第三步，坚持练习自我对话。

要一开始就对消极的想法做出反应并改变你的自我对话内容并不容易。如第 1 章所述，那些不想要的习惯，包括旧的思维方式，需要花时间去改变。然而，练习那些有益的自我对话越多，你就越可能在需要时使用它们。这里的关键是，去试一试你的话语，提醒自己使用它们，并坚持练习。

第四步，确定哪些话语最适合你。

知道你对自己说的话语很重要，但知道自我对话所起的作用也很重要。你的话语能让你集中精力、坚持时间更久或者更努力吗？哪些话语更有效？要把这些答案写在日记里。这一步的重点是要记录那些对你有效的语句，放弃那些对你不太有效的语句。

同样重要的是，这会随着时间的推移而改变。因为你的目标或环境发生了变化，过去具有激励性的话语现在可能就没那么有用了。当你意识到这种情况时，请更新你使用的语句，以确保你的自我对话有效。

第五步，制订具体的自我对话计划。

你可以使用第 1 章中介绍的"如果 – 那么计划"工具来设计自我对话。使用相同的方法，想一想那些让自我对话变得更消极的典型状况，并设计一些适用这些时刻的具有激励性或指导性的话语。现在我们用本章前面部分介绍过的状况为例：

- 如果我有演讲要做，担心会犯错误，那么我会告诉自己，"我已经准备充分，并且我知道我在说什么。"

● 如果我发现在面试或约会时感到紧张且语速太快，那么我会提醒自己，"你需要慢下来。每个人都会紧张。你能做到的！"

第六步，完善自我对话计划。

这最后一步是要通过练习达到自然而然的状态。通过反复使用能够让你受益的自我对话，在困难和压力环境中，当你最需要自我对话的时候，它们就会像习惯性反应一样变得更加自然而然。

关于自我对话的最后补充

要记住，疑虑和消极的想法可能不会完全消失。我们也不应该希望它们会荡然无存。例如，尽管焦虑令人不快，但是焦虑也会起到重大作用，它被认为是一种健康的消极情绪。[19]正如我们在第 2 章中所介绍的，健康的焦虑可以给我们动力，并激励我们好好准备，无论我们面对的是一场比赛、一场演讲或是一场考试。然而，如果我们的内心声音是消极的，就会导致许多无助的情绪反应，比如焦虑程度更高，也可能会影响我们的表现。

知道如何改变我们的自我对话和我们告诉自己的故事，让我们在这些时刻有了更多的策略选择。因此，当消极的想法于事无补时，一份激励性或指导性清单能对我们的想法、感受和行动产生积极的影响。这样一来，管理消极的想法就变得更容易。有效的自我对话策略能让我们更好地控制怀疑、担忧和恐惧等情绪。在下一章中将介绍，我们给自己讲述的故事只是我们建立可靠而持久的自信水平的许多工具之一。

第5章

我要告诉你我有多棒

增强自信的工具

1974 年 9 月，32 岁的穆罕默德·阿里（Muhammad Ali）坐在纽约华尔道夫酒店的会议厅里，正准备去说服那些持怀疑态度的观众，让他们相信他可以第二次成为世界重量级的拳王。挡在他前面的是一位令人恐惧的对手，当时的世界拳王，25 岁的乔治·福尔曼（George Foreman），他擅长用毁灭性的力量击倒对手。

作为一名业余拳击手，阿里在 1960 年奥运会轻量级拳击比赛中赢得过金牌。1961 年，阿里转为职业选手，并以其原名凯瑟斯·克莱（Cassius Clay）参加拳击比赛。1964 年，他尽管胜算不高但是击败了索尼·利斯顿（Sonny Liston），首夺重量级拳王称号。然而，两年后因阿里拒绝在越南战争期间被征召入伍，他的拳王头衔被剥夺。并且他不能在 1967 年 3 月至 1970 年 10 月之间参加任何竞技类比赛，阿里可能错过了他职业生涯中的最佳时期。1971 年 3 月，在回归拳坛的首场拳击赛中对阵乔·弗雷泽（Joe Frazier），阿里输掉了这场比赛。这是他职业生涯中的第一次失败。1973 年,阿里在与几乎名不见经传的肯·诺顿(Ken Norton)对战中,他的下巴骨折。当时,人们普遍的共识是阿里的星途在衰落,他退出职业拳击比赛的日子很快就要来临。

乔治·福尔曼也曾以业余选手的身份获得过奥运会金牌,在 1968 年奥运会上赢得了重量级拳王头衔。在 1969 年成为职业选手后,福尔曼的重量级拳击排位迅速上升。1973 年,他第二轮淘汰了当时的卫冕拳王弗雷泽(Frazier),赢得了世界重量级拳王的称号。在与阿里比赛前,福尔曼创造了 40 场胜利和 0 场失利的记录,其中有 37 场淘汰赛获胜,足见其拳击的造诣。他两次成功地捍卫了自己的拳王头衔。当福尔曼与阿里对战时,许多人都更喜欢"大乔治"(福尔曼的绰号),想让他卫冕拳王头衔。

阿里在面对挑战时毫不畏惧,在华尔道夫酒店向簇拥在一起的记者们发表了一个在运动界传为佳话的最令人难忘的演讲:

> 我离开拳坛再次归来,就像我初次进入拳坛一样,要打败一个把所有人都击倒了但没有人能打败他的大坏蛋。当时来自肯塔基州路易斯维尔的凯瑟斯·克莱,尚且年幼就能挺身而出并打败了索尼·利斯顿,那个曾经彻底击败弗洛伊德·帕特森(Floyd Patterson)两次的魔头。他本来能干掉我的!他比乔治的击拳更猛!他的手腕比乔治的长。作为拳击手,他与乔治相比更出色。而我现在比你们当年看到的 22 岁的我要强壮得多,那时我的身体还没完全发育,尚能从索尼·利斯顿的身边跑开。

我现在很有经验，是一名职业拳手。我的下巴断过，我输过，我被打倒过几次。我很坏！我砍过树。为这次战斗，我还做了一些新尝试。我和鳄鱼摔过跤。没错！我和鳄鱼摔过跤。我和鲸鱼打过架。我俘获过闪电，囚禁过天雷。就是那么坏！就在上周，我杀了一块岩石、伤了一块石头、让砖头住了医院。我很刻薄，连药物都怕我！我就是坏！（我的拳头）就是快，快，快！昨晚我在卧室里关了灯，当我按下开关，在屋子暗下来之前，就已躺上了床。（我的速度）就是快！而你，乔治·福尔曼，我会把你打翻在地！而你们这些笨蛋要做的就是，在我打倒他时向我鞠躬行礼。你们所有人！我知道你们选了他，我知道你们已经挑中了他。但那人有麻烦了！我要让你们看看我有多伟大！

阿里和福尔曼之间的拳击赛，被阿里称为"丛林之战"。它不仅被人们看作是拳击史上最具标志性的拳击比赛，而且也位列 20 世纪最伟大的体育赛事之一。尽管困难重重，但阿里还是赢了，在第 8 轮淘汰了福尔曼，重新夺回了世界重量级拳王的头衔。

然而，可以说最吸引人的不是在拳击场内上演的闹剧，而是阿里在拳击赛前几个月内培养出来的那种显而易见的坚不可摧的自信。他在华尔道夫酒店会议厅里的雄辩，让我们有幸洞察到了阿里培养并发展这种内在信心的来源。

本章将重点介绍这些自信的来源，并对成功的运动员如何精心构建稳定且强大的自信心做出解读。

什么是自信心

即使在最高级别的运动中，自信也被认为是获得成功所需要的最重要的心理因素。[1]运动员经常提到高度自信的必要性。成功或失败会影响自信的高低，因此会让自信本身变得脆弱。以网球运动员诺瓦克·德约科维奇（Novak Djokovic）为例，他是 17 次大满贯冠军。当他赢得 2020 年澳大利亚网球公开赛时，他已经保持了 13 场连胜的战绩。他说：

> 我知道我在场上感觉很好。当然，当你赢了那么多场比赛时，它会让你高度自信。但我知道（自信）也很容易受到干扰，也容易丧失。[2]

自信是指我们相信自己有能力实现一定的结果。在体育运动中，自信会让我们相信自己可以表现出色或赢得比赛。在生活的其他领域，自信可能意味着相信我们能够顺利通过考试、到我们心仪的工作单位去上班或者管理大型工作项目。

在讨论本章的相关策略之前，我们要知道自信不总是显而易见的。我们不会告诉你信心高低的感觉是什么样的，而你可能已经感受过这枚"硬币"的两面了。相反，我们希望你反思的是：更加自信的感觉并不像掷硬币那样随机。自信不是一种依赖运气的品质。运气是我们无法控制的，只是那样发生了，它会莫名其妙地来了又走了。建立信任是一个可控的过程，你可以通过利用最好的资源来培养自信，学会让"硬币"对你有利。这正是能让自信变得比你预料的更可控的原因。

在本章中，我们将说明自信的来源是什么。首先要知道建立自信绝非易事。比如，学习本书中介绍的一些心理学工具，就需要持续的实践和不断的练习。但如果你愿意做这些基础工作，也会收获高度自信带来的回报。

在我们概述自信的来源之前，还有一件事你应该知道，即自信可能会出其不意。支撑我们自信的信念与我们的能力本身无关，而与我们认为自己所拥有的技能能够胜任什么任务有关。[3]

有时我们会束手束脚，这源于我们的自我怀疑，即使是为了完成我们完全有能力胜任的任务。比如，你会怀疑自己在面试中回答问题的能力，尽管你完全拥有回答这些问题所需的知识和信息。你的怀疑甚至可能让你一开始就不会申请这个职位。反之，如果我们相信自己的能力越高，与具有同等技能却缺乏自信的人相比，我们就越有可能在这项任务上更加努力或坚持更久。通过这种方式，我们的信念创造了一种自我实现的预言。我们更加努力，因为我们相信自己能完成这项任务。我们最终实现这一目标是因为我们不断地努力和坚持，而不仅仅是因为我们的能力。因此，我们的信念对我们的行动至关重要。在不改变能力或技能水平的条件下，自信心越高的人，在体育运动和日常生活的挑战中表现就越好。这一点已经得到了证实。

这并不意味着我们可以伪造信心。在这里我们不是在谈论假装和神话！相反，要建立不可动摇的自信，就要从创建一个坚定的信念的基础开始。

自信：它来自哪里

我们对建立自信的了解可以追溯到 20 世纪 70 年代，当时斯坦福大学的心理学教授阿尔伯特·班杜拉（Albert Bandura）发表了一篇前沿论文，旨在研究信念在改变行为中的作用。[⊖]在这篇论题新颖的论文中，他提出了自我信念在心理治疗中的核心作用。[4]其最重要的观点是不管进行何种干预治疗，只要强化了个体对自身能力的信念，都有助于改变个人的行为。例如，如果你认为给一屋子的陌生人做演讲会让你太焦虑而无法做到，你可能会不惜一切代价来避免这种情况。然而，如果你学会了一些心理工具，就能更好地应对这种情况。比如，管理你的情绪（请参阅第 2 章）或者以更具建设性的方式与自己对话（请参阅第 4 章），并且你相信这些技巧会帮助你应对这种情况，你就更有可能一开始就承担起演讲的责任。

自班杜拉的开创性研究以来，我们了解到自我信念几乎影响着我们生活的方方面面，从我们如何思考和感受，到我们如何在不利事件中坚持不懈，再到我们如何选择生活方式。关于自信对个人业绩的积极影响的研究已经在很多领域展开，包括教育、商业、政治、医学和体育等。

⊖　班杜拉研究的论题是自我效能，即我们相信自己有能力采取行动以实现特定结果。自信和自我效能之间的细微差别在于，自信是一种总体感觉，而自我效能与特定任务有关，如我们相信自己可以在 8 分钟内跑完 1 英里或者在考试中写出一篇命题文章。在本章中，我们使用自信和自我信念这两个术语来使自我效能的概念具体化。——作者注

无论在哪个领域，我们都可以找到五个关键的自信源头，用于培养我们对自信的信念。这很重要，因为知道自信的源头意味着我们在需要时可以利用每一个源头来增强我们的信心。让我们从最重要的自信源头开始，简要逐一介绍。

1. 我们以前的成就

我们以前的成就（我们在过去所做成的事情）是我们自信的最强大源泉。这是我们构建信心的坚实基础！

以前的成就包括成功的经验，但也包括学习、提高、掌握应对挑战所需的技能。比如，通过学习并提高驾驶汽车所需的技能，会让你获得驾驶汽车的成就感和自信心。

但要认识到，这些信念与完成特定的任务是相互关联的。提高一些驾驶技能，可能意味着你从整体上觉得更能胜任驾驶任务。但你仍然会对一项尚未掌握的技能不那么自信，比如在狭窄的小巷里倒车。知道这一点也很重要，这也是建立自信的关键。你掌握的每项技能都是建设自信大厦时的一块砖。

这就是我们建议你完成附录 1 中的优势规划练习的原因之一。如果你已经完成了这个练习，现在是反思这个练习的好机会。当你再做"当前评级"练习时，你可能会意识到通过学习前几章中介绍的工具，你已经提高了一些品质和技能。如果是这样，那就太好了！如果提高自信是你的目标之一，那么我们希望你可以继续学习，并把本章后续部分介绍的工具应用于实践。

一旦我们意识到自己可以利用以前的成就来建立信心，我们也许就不会对阿里的做法感到惊讶。穆罕默德·阿里通过重新回忆在对战索尼·利斯顿时所取得的胜利，让他在对战乔治·福尔曼前增强必胜的信心。虽然两场比赛很相似（在这两场比赛中，阿里都处于劣势，面对的对手都很可怕），但是阿里宣称利斯顿与他即将对阵的福尔曼相比是更加出色的拳击手。不仅如此，阿里还说服了自己，并告诉他的观众，他现在比他与利斯顿对战时的实力更强。请记住，自信与我们的实际能力无关，而与我们认为自己所掌握的技能可以做成什么事情有关。

我们要注意的是：这种自信源头的关键是你如何看待过去的成就。如果你完成了某项任务，但是你觉得这项任务很容易或者你在某种程度上得到过帮助，那么你的自信可能不会改变多少。然而，如果你将一项成就归因于你的综合能力、努力工作、持之以恒，那么所取得的成就更有可能让你更有信心来面对相似状况。[5]

2. 他人的经验

从他人的经验中学习，也会影响我们对自己能力的信心。通常我们是通过观察别人的成功来学习他们的经验的。但也并非总是如此。我们可以看到他们的失败，并把我们自己和他们进行比较，这样他们的失败可以让我们相信自己的能力。当乔治·福尔曼1974年准备与穆罕默德·阿里决战时，他是不可战胜的。但是，阿里从福尔曼以前的对手身上学到了失败的教训，并从中增强了胜利的信心。

虽然我们自己的成就能够最大限度地提升自信，但是向他人学习也是一个重要的信心来源。例如，当我们没有类似的成就可以借鉴时，通过向别人学习有助于改善我们的信心。因此，从别人身上学习时，要做的重要事情是：了解别人做得好的地方，了解别人不太顺利的原因，问问自己如果处于相同的状况会怎么利用这个信息。

这里还有一个重要的问题：如果你想提高自信心，在你和你的榜样之间必须有一些可比性。例如，向大学毕业的家庭成员学习，将对你也能上大学的信念产生更大的影响。这是因为家庭成员与你的背景相同，可能也会有类似的机会和生活经历。一个和你没有相似之处的人，不太可能产生同样的影响。

3. 口头说服：是的，我们可以

口头说服或者仅仅是被告知我们可以做到，也会影响我们的信心。来自教练或队友的口头说服，可能是一句鼓励或提醒运动员的话语，如"你能做到"。来自政治家的口头说服，可能是一个振奋人心的口号，如"是的，我们可以"，来激起对变革的希望。

虽然口头说服有助于我们建立信心，但它与我们以前的成就相比，构建信心的作用较弱。此外，我们如何评估某人所说话语的分量也很重要。例如，如果你并不真的相信你有做某事的能力，别人的劝说就很少会积极地影响你对自己的看法。

口头说服的来源也很重要。如果说服来自一个值得信赖的人，比如老师或一个有经验的朋友，那么你就更有可能从这个人的话语中获得信心。一个跑步者在比赛中落后时，可能会相信来自教练或训练伙伴喊出的"你能赶上她"，而不是来自任意一个观众的加油声。

但在这里，重要的不仅仅是别人说了什么。口头说服最有价值的地方在于它是你对自己说的话。这也就是说，第 4 章中介绍的自我对话工具也可以用来建立自信。以积极和建设性的方式对自己说话，比如告诉自己"你能做到"，可以增强你对自己能力的信心。也许这就是为什么阿里经常重复一些话语来强调他的成就和能力的原因，如"我体能更强……我现在更有经验……我很坏……（我的拳头）很快……我要让你们看看我有多伟大！"在阿里所处的环境下，当别人怀疑他的能力时，他对自己讲的话尤其重要。

4. 解读我们的感受

你如何解读自身的感觉也许是最不明显的自信来源，你以前可能从没有想到过它也是一个自信来源。例如，当你在等待工作面试时的身体感觉。正如我们在第 2 章中所讲到的，你可能会感到心率加快、微微出汗或者胃部不适。结果是你可能会感到紧张，并把你的感觉解释为准备不足，这进一步加剧了你的担心和忧虑。[6]

相反的解读也可能是正确的：你可能把心跳加速和胃部不适解读为你感到很兴奋。这是使用了我们在第 2 章中讲述的重新评估技巧。在这种情况下，你可能会把这些感觉解读为这一切表明你已经准备好了，这工作是为你量身定做的。

我们在重要时刻如何解读自己的心理感受和身体感觉会改变我们的信心。对于运动员来说，解读身体的感觉，如（在穆罕默德·阿里的例子中）精力旺盛或者出拳快速，表明了他们将尽最大努力去拼搏，这让他们笃信自己能够发挥出色。

5. 我们的想象力

让我们退一步来想这个问题。如果你是第一次尝试呢？你没有前期经验、没有榜样，也不知道自己会有什么感受。

这是我们对许多事情缺乏信心的常见状况。无论我们是否可以利用自信的来源，想象自己表现出色或能够掌控各种难题，这也是建立自信的来源之一。

使用此技术可以让你想象任务已经完成，从而建立你的信心，特别是在你可能很少或没有前期的成功经验可以依靠时。虽然想象一个成就不如实际获得的成就那样可以让你获得高度的自信，但是它还是会让你受益的。[7]我们将在下面看到，成功的运动员在准备面对挑战时，经常使用心理意象来建立自信。

自我建模是一种建立自信的工具，它包含上述列出的第二个自信来源的要素，即学习他人的经验。然而，不是向别人学习，你就是自己学习的榜样。

自我建模包括观看视频回放，或在脑海中重放你的个人高光时刻。这也适用于体育以外的情境。例如，你可以角色扮演一次成功的工作面试，然后通过身体模仿或脑海中重放你的表现。自我建模能在实际事件发生之前构建我们的信心。

英国拉夫堡大学的研究人员进行了一项研究，为通过视频进行自我建模的成效问题提供了范例。在本研究中，4 名足球球员在比赛季期间进行了自我建模干预。[8]在自我建模干预之前，球员们都选择了 2 种他们想要改进的足球技术。这些技术包括传球、头球、停球、铲球等。

研究期间，球员们在激烈的竞技赛前观看了展示他们最佳技巧表现的个性化视频剪辑（这是一种自我建模视频，被称为积极自我评估）。如果在每场比赛后有更好的技巧示例，在后续录像中就会更新这些内容。在看了个性化的高光时刻后，研究人员会测量球员们在每场比赛前的自信心以及每场比赛期间的表现和技术，时间跨度为整个赛季，超过 13 个星期。

调查结果显示，一些球员在收到高光时刻的视频并进行自我建模干预后，技术表现有所提高。至关重要的是，他们技术的提高与赛前信心的增加密切相关。换句话说，重放他们的个人高光时刻视频（或通过观看视频，或运用我们的想象力去想象视频画面）给了他们一个强烈的信号，提醒他们"我以前做过，所以我还可以做到"。

以上是建立自信的五大最佳来源。但是，运动员们也会利用其他来源。在我们研究建立自信的工具之前，我们应该考虑这些来源。我们想强调的是：如果你想让自信心稳定而强大，那么你就需要仔细考虑要利用哪些信息作为自信来源。

运动中的自信：可控的重要性

除了目前为止我们所介绍的自信来源外，运动员获得自信的来源还有教练的领导、家人和朋友等的支持、竞技的环境、幸运的休息间歇等。[9] 而我们在第 3 章中所介绍的"专注于可控因素"在这里也很重要。

当考虑另外一些自信来源时，你可能会意识到它们都不在你的控制之下。你无法控制他人的支持、所处的环境、休息间歇是否幸运。这对培养自信很重要。如果你太依赖不可控因素，那么你的信心就由其他人的一时兴起或环境的变幻莫测来决定，而这些因素是你无能为力的。

实际上,对运动员来说,在众多自信来源中,只有两个是完全可控的。那就是提高技能和身心双重准备。这两个自信来源都与上文所述的前期成就相匹配。至关重要的一点是,鉴于建立自信很重要,那么把自信建立在可控因素的基础之上,是培养稳定和持久的自信的最优选择。

然而,这并不意味着我们永远都不能利用那些不可控因素作为自信来源。如果这些来源中有一个或多个因素真的能让你振奋精神,那就太棒了!但这与依赖它们是不同的。如果你刚开始培养自信,那么当你知道自己可以控制这个过程时,你的能力会逐渐增强。同样,知道自己正在学习本书中介绍的新思维工具时,也会为你建立信心提供一个坚实、可控的基础。实践并掌握它们会增强你的信心。

我们只能猜测穆罕默德·阿里在与乔治·福尔曼开始"丛林之战"之前,曾经进行了一些训练和准备。我们相信他并没有真的和鳄鱼摔跤、和鲸鱼搏斗!这样说还是有些把握的。但毋庸置疑的是,阿里觉得他自己进行了一些新尝试来为这场战斗做好准备,身体上的准备很可能让他在赛前自信满满。而他心理上的准备是不断重复积极的自我对话和一些话语来强化胜利的信心。

对运动员的研究显示了在运动中培养心理技能来增强自信的重要性。例如,在一项研究中,运动心理学家凯特·海斯博士(Kate Hays)采访了一些奥运会和世界锦标赛奖牌获得者,他们来自田径、柔道、跳水、速滑、橄榄球等运动项目,让这些精英运动员回忆他们在运动中最自信的时刻以及他们的信心来自何方。[10]

不出所料,运动员们都强调了许多重要的自信源头。然而,所有运动员都认为前期成就、良好的训练和准备，包括心理准备是至关重要的。再强调一遍，这些都是获得自信的坚实基础，他们是无法假装的！

一名优秀的跳水运动员详细描述了她赛前建立自信的心理准备，强调了本书贯穿始终介绍的一些心理工具的作用。你能从她的描述中找出哪些心理工具呢？

> 我会去控制焦虑和视觉想象，这让我在跳水时更自信。在重大比赛的赛前，我会一直在脑海中想象自己表现最佳时的画面。我会和我的心理医生进行跳水前的心理常规事项准备，我会想象我尽了最大能力跳水，这么做很管用。我在参加世界锦标赛前就这么做过，这么做会有助于增加信心。设定目标，只是进行一般性的整理工作，忽略一些我无法控制的事情，专注于我所能控制的事情，这也会让我更自信，不太会被其他事情分散注意力。

在你开始相信每个运动员都会这么做之前，我想告诉你先别上当。值得一提的是，即使是优秀的运动员也不会一直凭借最好的自信来源培养他们的信心。例如，在 2010 年，对 44 名各国运动员的研究发现，运动员们在与对手较量时展现出的能力是他们赛前信心的主要来源。这是一个不太可控的因素，因为即便一个运动员表现出色，也可能会在与对手较量时失败。[11] 这也许可以解释为什么一些运动员，比如诺瓦克·德约科维奇，尽管他取得了连续胜利，但仍然认为自信是一闪即逝的幻象，"很容易受到干扰，也容易丧失"。

但我们希望你通过这一章学到的是：事实并非总是如此。要培养稳定而持久的自信心，就要采用更务实、更可控的方式。这应归功于高尔夫传奇人物杰克·尼克劳斯（Jack Nicklaus）：

> 在这场捕捉信心的游戏中，信心是唯一最重要的因素。不管你的天赋有多好，只有一种方法可以获得并保持信心，那就是工作。[12]

显然，要知道你的自信程度越高，你就会表现越好。知道这一点很重要。而知道我们可以建立信心，并且属于我们的可控范围，这也许更重要。这个过程的逻辑推演就在本章的最后部分，我们将介绍一些你可以用来培养自信的策略。

建立自信的策略

在本书前面章节介绍的许多心理学技巧可以帮助你建立自信。这包括设定具有挑战性的目标并努力完成它们（请参阅第 1 章），更积极地评估你的生理和情绪状况（请参阅第 2 章），关注可控的行动（请参阅第 3 章），并以积极的方式进行自我对话（请参阅第 4 章）。虽然这些技巧都能帮助你建立自信，但这里我们将重点介绍一些增强自信的动力来源。

1. 详细记录你的准备工作并标记你所取得的成就

以前的成就、精心的准备和精湛的技能是你增强自信的关键。

但当你不能把之前所做的工作和未来的挑战联系起来时，建立自信的过程可能就会崩溃。对于许多运动员来说，记日记是记录进步的一种方式。当重要事件临近时，这样做可以增强做好充分准备的心理感受和自信的感觉。没有什么比你为某项活动而做的准备的证据更能减轻你的担心和疑虑了。

仅仅记日记是不够的。同样重要的是，重点记录你在数周、数月和数年的准备过程中所取得的进步和成就。对于运动员来说，这可能是强调训练中效果不错的那些环节，重点突出成功的经历（如使用新的心理工具来保持专注），或庆祝表现突破的里程碑成就（如达到了某项个人纪录）。我们在第 2 章中详细介绍了瑟琳娜·威廉姆斯和米凯拉·席弗林如何写日记，她们记录在日常生活中发生的积极和消极的事件，以及自己的想法和感受。使用类似的方法，一个学生可能会记录一种有助于知识记忆的新学习技能，描述一个令人感到惬意的学习环节，或庆祝一个由于努力工作和专注研究而取得的好成绩。

无论你选择如何记录你的进步和成就的碎片信息，重要的一点是定期利用它们来培养你的自信。你可以记日记，也可以把它们贴到冰箱门上，或者把它们存放在你床边的玻璃罐里。[13]无论采用何种形式，读一读这些记录，并回顾每个事件，这可以帮助你度过充满自我怀疑的时刻。关键是你要确保你的自信是与那些可控的准备工作和里程碑式的成就牢牢锁定的。这些细小的碎片将提供最强大的证据，帮你有条不紊地建立和提升信心。

2. 眼见为实

心理想象可以为许多不同的目的服务，每一个目的都可以提升自信心。[14]正如我们在这章前面篇幅中所讲到的那些跳水精英那样，运动员们运用他们的想象来排练具体技能和常规操作。即使只是在你的脑海中成功地完成了这些动作，也会对你的自信产生积极影响。

同样，当试图实现一个目标时，你可能会想象自己正在一步一步地朝着这个目标努力，并进展良好。你也可以想象伴随着压力状况出现的各种情绪，想象如何管理这些情绪并保持冷静。

最后，你可以想象通过保持专注、避免分散注意力，最终战胜了这些困难局面，度过了艰难时刻。这可能看起来有悖常理。毕竟，我们通常会避免去想事情会出错，希望一切顺利进行。但正如我们在第 1 章中从迈克尔·菲尔普斯那里学到的，想象负面情景（"如果 - 那么"时刻），并在心里计划如何以最好的方式应对每一个问题，这会成为我们建立强大信心的有效工具。

现在另外举一些运动员的例子，它可以教我们如何在各种情境中使用想象工具。代表美国出战奥林匹克运动会的跳水运动员卡特里娜·杨（Katrina Young），介绍了在新冠肺炎疫情期间佛罗里达州立大学的训练场关闭时，她是如何通过想象来进行常规训练的。她回忆说：

> 现在（在我脑海中）我走进游泳池，看到救生员，看到教练，看到佛罗里达州立大学的跳水运动员，感觉一切都那么熟悉，我在脑海中进行跳水训练。我会听到教练给我纠正动作，并想着当我试着纠正动作时自己的感受，并完整地体验这一切。当你没有实际的游泳池可用的时候，这样做会帮到你。[15]

　　而世界拳击协会重量级冠军德昂泰·怀尔德（Deontay Wilder）则说明了想象在日常生活中的作用。作为一名运动员，他描述了他是如何利用所掌握的想象技术为户外活动做心理准备的：

> 　　我会在脑海中想象，这取决于我试图完成的任务。我可以想象自己每天跑步、面试顺利、心情愉快以及想怎么处理事情。当事情发生的时候，我已经见过它们了。我会以正确的心态做出反应。[16]

3. 学习他人来获得自信

　　向他人学习来获得自信是本章前面介绍过的。但这并不意味着你要观察他们的一举一动，如考试时坐在他们旁边或者在工作面试期间跟踪他们。你只需和一个榜样好好聊一聊，而他曾走过的路与你希望走的路相似，这能够提高你对自身能力的信心。例如，你可能会了解到你已经知道的比你意识到自己知道的要多，足以通过考试，或者你已经具备了获得工作机会所需要的技能。请记住，自信是我们认为自己所具备的能力如何，而不是衡量我们拥有多少技能的客观标准。

　　通过向他人学习，你可能了解到他们如何应对挫折，或者他们如何克服你可能会经历的那些不顺利的阶段。甚至他们的失败也会让你更加相信自己有能力克服生活中的许多障碍。

4. 找一个好的后援团，包括你自己

最后，找一个好的后援团在你身边，有助于培养你的自信。对于运动员来说，获得支持的方式可以是来自教练、队友、家人或朋友等值得信任或尊敬的人的积极反馈和鼓励。在第 11 章中，我们将看到诺埃尔如何从他的后援团中获得力量，完成了人生中最难的一场赛跑。

但是，有一个后援团并不意味着你需要依赖他人。这不是一个可控的自信来源，但你对自己所说的话却是可控的。自我对话是一个重要且可控的具有说服力的自信来源。你可以通过使用我们在上一章中介绍的技术来掌握它。有时候，我们忘记了做自己最好的啦啦队长是多么重要。

关于自信的最后补充

我们希望你从这一章中学到的是：自信是可以有目的地培养并逐渐发展强大起来的。自信的心理特点不像我们认为的那样脆弱、不受控制、变来变去。相反，通过利用可控的信心来源，使用我们在本书中介绍的工具，你可以着手建立牢固的自信。

建立自信并非易事。但最成功的运动员向我们展示了，当我们认真地开发这些心理技能并掌握它们后，一切皆有可能。在后面的章节中，我们将在几个现实情境中展示如何像运动员一样思考，无论是在体育领域还是日常生活中同样能够获得成功。

第2部分
如何像精英运动员那样实现目标

第 6 章

千里之行

如何从一开始就为成功做好准备

2018 年春天，基坎·兰德尔（Kikkan Randall）登上世界之巅。她和队友杰西·迪金斯（Jessie Diggins）搭档代表美国队第一次赢得奥运会越野滑雪项目团体短距离追逐赛冠军。这项成就是她 15 年职业生涯的顶峰，她参加过 5 届奥运会，获得过 17 次美国冠军头衔。这也弥补了兰德尔在上一届奥运会比赛中令人失望的表现，当时她以公认的金牌得主大热门的身份参赛，但最终却未能挺进短距离越野滑雪的决赛。

到母亲节时，兰德尔、她的丈夫和 2 岁的儿子已经从阿拉斯加搬到了加拿大。这次搬家标志着他们的生活进入了一个新阶段。随着兰德尔的年龄增长到 35 岁，她想转变精英滑雪运动员的身份，并计划再要一个孩子。有一天晚上，她上床睡觉时注意到她胸部有一个小硬点。第二天，她去看了医生。医生告诉她，因为她年轻又健康，它可能没什么，但她应该去做一个乳房 X 光检查和超声波检查，以防万一。

根据影像学检查结果，医生非常重视她的胸部硬块，要求她进行活检。在要去瑞典参加朋友的婚礼时，兰德尔收到了检查结果：侵袭性第二阶段乳腺癌。一周后，她患上了恶性淋巴结。在获得奥运会冠军三个月后，兰德尔有了一个新的身份：癌症病人。

兰德尔说："一开始我拒绝承认这一切。后来，我感到很沮丧。我是一名出色的运动员，一直选择健康的生活方式，我吃健康的食物，我照顾自己，我没有家族病史。再后来，我说，'这太不公平了！'"

当兰德尔处理这些情绪时，她的脑海中开始呈现老运动员的运动精神。"我决定要解决这个癌症问题，就像我实现了获得奥运会冠军的目标一样。"她说，"这次领奖台的台阶看起来会不一样，但我将使用相同的方法。"

任何大型事业的开始，都会让人措手不及，无论是准备比赛、攻读学位、转换职业、养育下一代，还是与疾病做斗争。你希望完成的事情可能看起来既抽象又遥远。你可能会认为从长远来看在任何一天所做的事情都不太重要。在本章中，我们将了解成功的运动员如何为实现重要的目标制定路线图，及其如何让自己在日常工作中全身心地付出以实现这一目标。

制订并实施计划

兰德尔不是机器人。她坦率地谈到了她在收到诊断通知后立即奔涌而出的全部情绪。问题的关键是她接下来做了什么。

"我想，'好吧，这是真的。'"她说，"坐下来思考一下'如果－那么计划'，癌症的统计数据和对癌症的恐惧不会让我有任何益处，所以我需要弄清楚我能做什么。我需要制订一个计划。"

因为她的癌症侵袭性很强，兰德尔和她的护理小组决定立即开始化疗，共计6轮治疗，每次化疗输液中间间隔3周。这是治疗癌症快速扩散的一个相当常见的治疗方案。不太常见的是，兰德尔如何利用她几十年的运动员经验，从心理上接受这个治疗过程。

"我所做的是专注于治疗的每个阶段。"她说，"我试着不要想得太远，只是乐观地认为，是的，现在很艰难，但我会渡过难关的。治疗成功的机会很大，我会回到所有那些我喜欢做的事情上，我会健康长寿的。"

"所以我会集中注意力，'好吧，我必须化疗，那又不费什么力气？'当接受化疗时，我知道让身体保持活力很重要，所以我对自己做出了承诺，并公开表示我每天要保持至少10分钟的活跃状态。"她说。兰德尔每次治疗都是骑自行车往返，她说，"这可能是一场表演，需要放下一切。但我想，为什么不心胸开阔一点，怀着一颗好奇心看看情况会如何呢？"

适应癌症是一个过程，这可能会导致一系列的情绪和心理症状，包括焦虑、恐惧和愤怒。[1]在第2章和第3章中，我们探讨了改变情绪发展轨迹的策略。正如第2章中所建议的，重点关注处理问题和解决问题的策略，比如重新评估或表达我们的感受，都会有助于更有效地管理我们的情绪，而不应总是想着如何避免或脱离这种状况，比如抑制情绪或滥用药物。

从兰德尔对她的诊断做出的反应中，可以很容易识别出一些心理技巧，其中包括她对形势的重新评估和应对状况的能力（请参阅第 2 章的"重新评估策略"）。重要的是，兰德尔实事求是地重新评估了她的病情诊断。她不仅仅是试图保持积极乐观的情绪，还制订了一个计划，优先考虑那些可控的行为（请参阅第 3 章的"关注于可控的"），包括进行身体活动来帮助她完成每一轮化疗。正如在第 3 章中学到的，当面对压力和困难时，我们应更多地关注自己能够控制或至少能够影响的事情，这可以改变我们对当前状况的情绪反应。[2]

除了重新评估形势外，兰德尔在内心进行的自我对话（请参阅第 4 章）也很重要。化疗要面对为期 4 ~ 6 个月的 6 轮治疗，可能会让人难以承受。但是，她对自己这样说"现在是很艰难，但我会挺过去的"，这有助于让她看到一个更为乐观的前景。自我对话、正念专注当下时刻（请参阅第 3 章的"专注于当下"）、一次完成一个阶段的治疗（请参阅第 1 章的"任务切块"）等心理工具让兰德尔驾驭了她在癌症治疗时遇到的种种困难。这是毋庸置疑的。

兰德尔采用的情绪调节策略的有效性也得到了研究结果的证实。2019 年，对 80 名刚被诊断为乳腺癌的女性进行的一项研究发现，在为期 6 周的放射治疗前后，患者越想要避免或抑制焦虑、抑郁、恐惧等情绪，她们癌症复发、患有失眠症状和感到疲劳的程度就越高。与治疗开始前相比，患者压抑情绪也会导致她们在放疗结束后抑郁感和疲劳症状的增加。[3]

这并不是说癌症患者在面临重大疾病时不应该感到烦恼。情绪调节策略并非单纯的是要积极地思考或希望我们总是要感觉良好。相反，就像在本书中提到的运动员们一样，情绪调节策略是指使用有效的策略来调整情绪体验。比如表达我们的感受、实事求是地评估所处状况等策略，会让我们的反应更切合实际，从而减少与癌症诊断有关的一些心理症状。

兰德尔的护理团队也注意到她所采用的运动员的思考方法与许多癌症患者的思考方式不同。"我的一位医生说，有人来问，'我在做化疗注射期间能在跑步机上跑步吗？'这让我感到耳目一新。"她说，"我想我的赞助商真的要感谢这个人，这么积极地参与治疗方案，并保持乐观的态度。"（事实证明，兰德尔并没有在接受输液时跑步，她的护士说如果她在跑步时脸色涨红，她无法判断是运动引起的体温升高还是对化疗药物的反应。）

登顶的踏脚石

史蒂夫·霍尔曼（Steve Holman）是 20 世纪 90 年代美国顶级的英里赛长跑运动员。如今，他是先锋领航金融服务公司的高级管理人员，他管理着一个 55 人的团队，监管着 300 多亿美元的小企业 401（k）计划。他简历中的这两项履历对任何致力于实现长期目标的人都具有指导意义。

也就是说，这表明你不必从 1 到 100 一条路走到黑。正如我们要把长期目标分解为更小的目标（请参阅第 1 章的"任务切块"）一样，当开始着手一个需要许多步骤才能完成的任务时，你努力工作的方向可能并不是最主要的里程碑，而是要以完成诸多中间步骤为目标，并从实现这些目标的过程中获益。攻读博士学位前，要先获得本科学位；跑完一场马拉松，首先要养成跑步的日常习惯。在霍尔曼的例子中，要想成为一家著名企业的高管，首先要弄清楚你想用你的余生做什么。

在 1992 年的 1500 米比赛中，奥运会选手史蒂夫·霍尔曼在世界上排名第五。但他却在 2000 年奥运会前几个月因身体遭受应力性骨折，而无法进入当年的奥运会参赛团队。在 31 岁时，他开始不断深入思考他生命的下一个阶段应该如何度过。他和他的妻子一致认为，他应该再给自己一次做专业运动员的机会，并预计在 2001 赛季后退役。但是，他后来在 2000 年秋天又发生了一次应力性骨折。"我无法想象自己还能有意志和欲望再一次去克服伤痛，努力在春天的时候赶上训练队伍，并恢复具有竞争力的体魄。"他说。

于是，霍尔曼开始了"我的颓废阶段"。"当我决定不再跑步时，我一无所有。"他说。"我一天天地晃晃悠悠，也没有任何方向。这让我妻子越来越生气，因为我会睡到上午 10 点，然后去吃甜甜圈。有一次，我向巴诺公司提交了工作申请，但是被拒绝了！我的感觉就好像是，'该死，我是堂堂的奥运队的队员，我竟然不能在巴诺公司找份工作'。"

"最后我想，我一直是名好学生，让我回到学校吧，这是让我最终知道该做什么的理想之路。"虽然霍尔曼曾在乔治敦大学主修过英语，但他从未上过一堂商务课。他申请了沃顿商学院的工商管理硕士，并被录取，2002 年秋天正式入学。

"我从来没有想过我会做现在的工作。"霍尔曼说。"在一家金融服务公司担任主管，在当时我从未对此动过一丝一毫的念头。但我确实非常了解我自己，我知道自己有领导能力。就像在我的运动生涯中，如果我全神贯注、下定决心，我就会找到获得成功的办法。

我相信无论选择做什么，我都会像做运动员时一样，找到合适的方法。"

优势规划是培养我们认识自己的优势和品格的绝佳工具。你可能在读了本书之后，已经完成了这个练习。这个技术是由詹妮弗·库姆（Jennifer Cumming）教授和我的生活力量训练（MST4Life）团队合作开发的，被英国伯明翰大学使用过，旨在帮助无家可归的年轻人识别他们在生活中的成功之处，以及他们在这个过程中展示出来的性格优势。[4]其目的是培养这些年轻人的韧性、自尊、幸福感，并帮助他们重新上学、培训、就业，就像霍尔曼一样。

一旦你知道了你所拥有的性格优势，你就可以设法把这些优势应用到生活的其他方面。就像运动员霍尔曼一样，通过运动发展起来的性格优势可能包括领导力、团队合作、坚韧不拔，以及在具有挑战性的状况下（使用本书中介绍的那些心理工具）能够调节自己的想法和情绪。[5]

还有一些方法可以帮助运动员们反思他们的特点和优势，以此来为体育运动之外的职业生涯做准备。其中，有一种方法被称为"五步职业规划策略法"（5 - SCP）。[6]这种方法与霍尔曼所描述的未来商业生涯规划十分相似。同样，我们在本书前面也读到过"伟大的全黑之王"里奇·麦考在年幼时所写的职业规划（请参阅第 1 章的"别光想，还得写下来"）。

下面，我们将分步骤简要概述五步职业规划策略法。如果你是第一次使用该策略，建议你去寻求职业顾问或体育心理医生的专业指导。

第 1 步，画一条时间线，从你出生到现在，并延伸到你的未来。

最好找一张大纸（理想情况下，大于常规尺寸），以为后续步骤留出书写的空间。

第 2 步，反思你经历过的那些最重要的事件。对于运动员来说，这可能包括重要的里程碑、重大竞赛或事业成功。把它们标注在时间线上。在选择标记哪些事件时要考虑仔细，当你走到第五步时，这些问题将再次变得重要。

接下来的步骤最好在专业人士的帮助下完成，但如果你觉得自己进行这个过程也会受益，直接走下去也无妨。

第 3 步，列出你现在生活中所有的重要领域。这可能包括运动、学习、工作、家人和朋友。接下来，按照对你个人来说这些领域的重要性、在每个领域上花费的时间以及在每个领域要承受的压力大小等为标准，对这些领域进行排序。要用饼图而不是列表的方式为每个领域标出优先级，这可以帮助你直观地看出生活中各个领域对你来说的重要性、花费的时间和压力大小。

在这一点上，要反思你的生活中每个领域的重要性、时间的花费和压力水平。例如，你可以把家人列为最重要的领域，但这也可能是你投入最少的领域。在完成这个任务时，一个训练有素的顾问会引导你对每个领域所投入时间的多少或当前生活安排的压力水平等问题进行讨论。

第 4 步，我们再次回到你的时间线上。在这个步骤中，把希望或预期在未来会发生的事件，如未来 1 年、3 年、10 年，都写在你的时间线上。如第 3 步所示，你可以使用饼图直观地显示每一个未来事件的相对重要性，就像霍尔曼所做到的那样。明确哪些是关键点，将带你离开现在的处境，到达你渴望的未来。

第 5 步又包含 3 个小步骤。每一个小步骤都会让你想起在本书中学到的工具。

首先，反思到目前为止你生活中的关键时刻，如体育方面的成就、面临的困境、使用的应对措施，以及从这些事件中吸取的教训（请参阅第 5 章的"我们以前的成就"）。你在此处所确认的困境和成就与你在（第 2 步）时间线上标记的重要事件会出现重复，这是很正常的现象。不同之处在于，你是从另一个角度来回顾这些事件。例如，你可能会反思你从生活的艰难时刻中学到了什么，或者你用了什么心理策略克服了困境。

其次，通过设定目标来明确对于未来发展起重要作用的领域（第 3 步）。关键是要在这个小步骤中分析你的资源和可能阻碍你进步的障碍。正如霍尔曼所证明的那样，这里的资源既有个人优势，如作为运动员所掌握的领导能力、思维工具，也有来自家人的支持等外部因素。你所遇到的障碍可能是因为缺乏某个职业领域的知识。通过这样的分析，你就能设计一个行动计划，就像霍尔曼决定重返校园学习商科一样。

最后，为了弥补现在和未来（第 4 步）之间的差距，你可以问一问自己，"我今天要如何做，才能为未来的重大事件做好准备？"这会让你知道为实现短期目标需要采取的行动（请参阅第 1 章的"设定目标"），也可以帮助你根据未来的计划来调整当前的优先事项（第 3 步）。换句话说，正如霍尔曼逐渐意识到的，实现你对未来的憧憬就是要在学习领域投入更多的时间，相应地在其他生活领域中投入的时间就要减少，比如吃甜甜圈。

靠自己

当你对开始某项新任务感觉快要窒息的时候，要记住你曾经以某种方式为它做过准备。例如，在体育运动中，开始全新的新赛季或者为大型比赛锻炼体能并非意味着一切从零开始。相反，你的身体保留着你在前几周、前几个月甚至前几年完成的所有训练的结果。心理上，你可能也经历过（或许好几次）那些艰难的开头，这取决于你运动时间的长短。在非运动环境中，你遇到的具体状况可能会各不相同，但是使用的解决方法大体类似，就如基坎·兰德尔和史蒂夫·霍尔曼的例子所证明的那样。

当然，这是在 2013 年纽约市马拉松赛后梅布·科弗雷兹基当时的心态。因为在马拉松赛的后期，不知从哪里冒出来的小腿受伤，让科弗雷兹基的跑步速度下降到他整个马拉松职业生涯中的最低点，与他在 2009 年赢得比赛时的成绩相比差了 14 分钟。因为受伤，他甚至没能参加春季波士顿马拉松赛。科弗雷兹基的退赛理由非常充分：他已经 38 岁，作为精英运动员，他的双腿已经跑了 20 多年，他已经拥有 1 枚奥运会奖牌，获得过纽约市马拉松冠军的称号。

然而，在那场灾难性的马拉松比赛后的第二天，他再次下定决心要努力实现自己在 2013 年波士顿马拉松赛中的目标：在 2014 年保持最佳状态，努力成为自 1983 年马拉松开赛以来第一位赢得冠军的美国人。当他在酒店房间里蹒跚而行时，科弗雷兹基知道他必须做些什么才能实现这个目标。他已经参加过两次波士顿马拉松赛。纽约马拉松赛和波士顿马拉松赛间隔 5 个月，在他的整个职业生涯中，他曾跑过间隔时间更短的马拉松赛。

梅布·科弗雷兹基知道他的身体已无法承受像 10 年前那样的世界级马拉松训练。但他也知道，这些年来的长跑里程和艰苦的训练，不会随着比赛结束而消失。他在 2013 年的纽约马拉松赛中状态良好。他告诉自己，他现在所要做的就是克服小腿的新伤让身体强健，这是他在过去 20 年里一直在做的事儿。

应变能力

基坎·兰德尔、史蒂夫·霍尔曼和梅布·科弗雷兹基所拥有的共同心理素质是应变能力。心理应变能力（心理弹性）是我们抵御不利事件的潜在负面影响的能力。[7]正如我们从这些运动员身上所看到的，不利事件出现的方式千变万化。这些不利事件所涉及的范围很广，可能是压力相对较小的日常琐事、身体受伤、运动退役，还有可能是重大的人生无常。不利事件也会因我们努力坚持的时间长短而有所不同。这些不利事件的数量多少和时间长短都会对我们的应变能力和我们是否需要依靠应变能力产生重要影响。

无论所面临的不利事件如何，心理应变能力的核心特征是尽管生活中充满障碍或者挑战，我们都要坚持到底，像科弗雷兹基那样表现出良好的状态，像霍尔曼那样让自己发挥出正常的水平，像兰德尔那样让自己健康幸福。

关键的问题是：虽然我们可能认为自己所具有的心理应变能力或强或弱，但是单凭思考并不是获得心理应变能力的最佳方式。相反，研究表明，应变能力是一种我们都可以通过培养获得的能力。正如你将在本章后续篇幅中看到的，你现在掌握的许多心理技巧都有助于提高你的应变能力。

我们可以用两种伪装中的一种来揭示应变能力。[8]强大的应变能力，使我们能够利用心理技巧来保护自己免受压力的潜在负面影响，让我们表现出色或感到健康幸福。从基坎·兰德尔游刃有余地驾驭癌症治疗过程，我们可以了解什么是强大的应变能力。

具备强大的应变能力是一种理想状况，认为我们在任何情况下都可以展现出强大的应变能力更是一种奢望。即使是最优秀的运动员也会经历那些因受压力影响而发挥失常的时刻。在这些状况下，要能够快速恢复并做出回应，这就是所谓的反弹性应变能力（rebound resilience）[9]。这些技能让史蒂夫·霍尔曼从"颓废"中恢复过来。

我们对运动领域的心理应变能力的了解得益于两位英国研究人员的工作，他们是大卫·弗莱切（David Fletcher）博士和穆斯塔法·萨尔卡尔（Mustafa Sarkar）博士。他们的研究非常重要，采访了 12 位奥运会冠军，运动范围包括田径、划船、曲棍球、花样滑冰，以探索应变能力和运动巅峰表现之间的关系，并解释支撑这一关系的心理过程。[10]

大卫·弗莱切和穆斯塔法·萨尔卡尔根据他们的研究发现开创了一个心理应变能力理论。这个理论由四个主要组成部分：所经历的压力源；如何评估这些压力源，运动员对这些经历的想法；促进应变能力的心理技巧；每个人对压力源的反应大小。

对于接受采访的运动员来说，压力源的形式多种多样。有像训练要求、状态下降等竞争性压力源，也有像梅布·科弗雷兹基那样身体受伤的压力源，还有像家庭问题等个人压力源。有的压力源较小，如需要平衡训练和工作；有的压力源则很大，如爱人的死亡等重大事故。

你可能会对运动员如何看待这些问题的方式感到惊讶。他们不是把这些经历看作是"坏事儿",而是认为,困难或创伤性事件有助于他们在运动领域取得成功。换句话说,从这些事件中学习以及长期的积极适应,让他们已经做好准备来面对那些令人倍感压力的事件,如参加奥运会决赛。要做到这一点,就要对过去艰难的经历进行反思。回忆在这些不利事件发生时,你是如何度过困境的,这有助于你建立信心,更好地应对未来发生的不利事件(请参阅第 5 章的"我们以前的成就")。要有一种"我经历过许多困难的状况,我还能再次战胜它"的想法。

这些运动员还把压力事件看作既是自我发展和成长的挑战,也是一种机会。在第 2 章中,当以这种方式评估一个事件时,我们会判断它是否与我们的目标相关以及我们是否有财力和物力来面对它,就像基坎·兰德尔那样有治疗癌症所需的资金,梅布·科弗雷兹基那样有能力治疗他的小腿受伤。

不仅如此,接受大卫·弗莱切和穆斯塔法·萨尔卡尔采访的奥运冠军所展示出来的应变能力是评估他们自己与事件有关的想法,而不是评估事件本身。这个过程(思考我们的想法的过程)让我们能够反思自己对于一个事件的想法,以及这些想法是有助于还是有损于我们的表现和幸福的感受。反思我们自己的想法,也能引导我们在某种情况下使用合适的心理工具。这可能印证了基坎·兰德尔的"不要想得太远"的策略,以及梅布·科弗雷兹基坚信他多年的训练成果不会在 2013 年纽约马拉松赛和 2014 年波士顿马拉松赛后的短短几个月里消失。

这些对挑战的评估和挑战让我们受益的想法,反过来会受 5 个关键心理因素的影响。这 5 个心理因素是积极的个性、动机、专注、自信以及对社会支持的感知。从本书中，你已经学习了开发这些心理因素的工具。有鉴于此，你可以从这个角度来思考应变能力的问题：如果拥有正确的心理工具任你使用，如设定过程目标、重新评估、能够专注并处于当下时刻，以一种积极和鼓励的态度和自己交谈，能够建立自信以及在面对不利事件时表现出应变能力等，那么接下来的问题就是要为所遇到的状况选择最合适的心理工具了。

因此，天才运动员不在于他自身是否"有"应变能力。相反，应变能力是一种品质，能在实践中培养起来，通过使用并磨炼本书中列举的心理工具，就能让他们在需要的时候做出应变的表现。

没有号角，就没有鼓

上面这句话是曾经获得 3 届奥运会田径冠军的彼得·斯内尔（Peter Snell）的传记的书名。它恰当地捕捉了为实现最有价值的目标，一个人要从事的默默无闻的工作和随着这些目标的实现可能带来的颂扬性的号角齐名，而这两种状态形成了鲜明的对比。

"没有号角，就没有鼓"这句话也解释了为什么许多人会努力完成日常任务，一步一个脚印地朝着目标前进。通常，在脑海中想象自己达成目标丝毫不费力气，容易产生自我满足感。我们可以想象自己感受到的这种巨大的自豪感，以及来自亲朋好友的恭喜祝贺。但是，到了要在上班前早起锻炼身体的时候，或者在晚饭后还要花几个小时去工作或学习的时候，通常这些喜悦感会荡然无存。通常我们是在和自己的想法角力，其中许多分歧是关于如何以似乎更令人愉快的方式来利用时间。

为实现一个目标或完成一个项目而需要定期完成任务时，要注意几个关键点。其中一个关键点是要开个好头。不幸的是，我们会以各种理由来拖延。我们可能会忘记了、要重新考虑一下或者最初就未能为开始某项工作做好基础准备。现阶段面临的两个最常见的问题是错过采取行动的机会和拖延。让我们来看看如何克服这两个前进路上的障碍。

错过采取行动的机会

有时采取行动的窗口期非常短暂，而机会又转瞬即逝时，我们会很容易错过它。我们可能会错过工作申请的截止期或难得的晋升机会。对于运动员来说，赢得比赛往往意味着抓住了机会，但即使最棒的运动员也常常会错失良机。

2019 年 9 月，在国际自行车联盟举办的世界公路锦标赛男子组比赛期间上演了这一幕。斯洛伐克的彼得·萨根（Peter Sagan）参加本次比赛并奋力争夺第四名的位置，这是他在职业生涯中从未获得过的战绩。比赛全程是 261.8 千米，在离终点还有 30 多千米时，五名车手从主车群中冲出。他们相互合作，以 1 分钟以上的优势领先包括萨根在内的其余车手。

在第四名的位置悬而未决的情况，虽然萨根意识到赶超已经为时已晚，但是在比赛还剩下 3 公里多的路程的最后关头，他还是尝试追赶这些领先的车手。然而，最终事实证明他发力太晚，赶超得太少。比赛结果是丹麦车手马德斯·佩德森（Mads Pedersen）蝉联第一个世界公路锦标赛冠军，而萨根排名第五，落后了 43 秒。

赛后，萨根在刚刚获得赛事消息的新闻媒体前讲述了他的想法和感受：

> 我的自我感觉很好，但我错过了领先的机会。我本来可以在前面的，但我以为比赛回程中会有个冲刺。我只是抓住了我要冲刺的机会，但是结果却完全不是那么回事。我一直在等，最后我试着冲刺，因为我想和其他人比一下速度。这么做感觉很好，只是，我错过了领先的机会。[11]

即使是有经验的运动员错过了采取行动的机会，也同样无法实现重要的目标。

今日事，今日毕

就像错过一个采取行动的机会一样，拖延也会让我们错过执行或完成计划的最佳时间。我们中有 20% 的人是长期拖延症患者。[12]虽然大多数人都是在不太重要的事情上拖延，如完成我们的节日礼品采购任务，但是拖延也会导致更严重的后果。大约 1/3 的美国人等到最后一刻才会填写他们的纳税申报表，通常是因为人们把填写这个报表看作是一项艰巨的任务，并且害怕犯错误。[13]然而，统计数字表明，多达 85% 的人要么不需要交税，要么会得到退税。

拖延症也与个人的财务困难有关。[14]这可能是因为当行动滞后时，我们往往会关注最新的任务，而赶不上能够省钱或付账的最早时间。

因此，拖延症的人没有抓住完成这些事情的机会。

我们拖延的原因有很多。自我控制和自觉性程度较低（属于一种人格特质）的人最可能做事拖延。[15] 比起完成那些令人愉快的任务，我们也会推迟那些我们觉得无聊、费力、令人困惑或令人畏惧的任务，如填写冗长的纳税申报表。例如，假设你是一名大学一年级的新生。你学习认真，打算努力学习以取得尽可能好的成绩。在第一个学期的第一周内，你收到了一份必须在 8 周内提交的论文作业。尽管你尽了最大的努力，但在接下来的几周里，你会发现自己面临各种选择之间的矛盾。你可以学习，也可以参加聚会去认识朋友。你会怎么做？你是待在房间里写论文，还是花时间去探索一下有哪些更令人兴奋的事情？

面对这种情况，大多数人可能会做出类似的选择：现在去社交，以后再写论文。跟随自己的意图来做出决定，无可厚非。但在其他情况下，拖延可能意味着我们根本没有迈出实现目标的脚步。

保持平衡

我们并非要求你为了实现这些目标所从事的工作占据了你的全部生活。我们当中几乎没有人会去争夺一枚奥运奖牌。大多数人都要在努力实现生活中某个领域的目标和承担许多其他责任之间实现一种平衡。

在这方面，梅布·科弗雷兹基也会给我们以启发。他让我们了解了"要预防，不要补救"这句话的含义。在这里，这句话是指要进行如力量训练、跑步形体训练、拉伸训练等练习。其基本的想法是，最好每天花一点时间做一些训练来保持健康，而不是一旦受伤就要花很多时间来治愈。

梅布·科弗雷兹基如何实施他的预防策略与本章所述内容有关。他把要做的各种练习加入到当天的主要训练项目之中。他认为这些练习是训练环节的一部分，而不是可有可无的附属品。多年的重复训练让一切流程都自然而然，他在跑步前会拉伸身体，在跑步后会立即做形体训练，然后直接开始力量训练。这样做不仅使这些训练成为一种惯性，而且使他一天剩下的大部分时间都是自由的，可以集中精力照顾家庭和事业。

从对彼得·斯内尔和梅布·科弗雷兹基的描述中，我们会感到为实现目标反复完成日常任务似乎很无聊。要克服错失良机、拖延症、只想做与实现目标无关的其他事情等状况，可以参阅第 1 章中介绍的"如果–那么计划"和培养习惯的策略等。例如，针对如何抓住机会和注意力分散的问题做计划，可以帮助你避免这些陷阱。同样，坚持做一项比较无聊但很重要的预防活动，也可以先从制订"如果–那么计划"开始。例如，"如果我要跑步，那么我会在跑步前拉伸"或者"如果我跑步回来，那么我会立即进行形体训练"。

一旦制订好计划，要让这些行为成为一种习惯，那么重复这些行为就变得至关重要。养成行为习惯不仅有助于你实现目标，而且也会让实现目标变得更容易。正如我们在第 1 章中所学到的，养成习惯的一个关键因素是把一项行动与其他活动联系起来，从而形成一个触发性的习惯反应。因此，通过把预防练习与每天的主要锻炼项目结合起来，梅布·科弗雷兹基确保其所需的行为，如形体训练和力量训练等，最终也会由它们前面发生的跑步训练触发。

回到起点

从局外人的角度来看，实现卓越似乎充满趣味。当然，这是可能的。但我们通常只看到了运动员们获胜的高光时刻。换句话说，正如我们在第1章中讨论过的，我们看到的只是最终结果（结局），而没有看到通往这个结果的过程。运动员们的最佳状态往往是成年累月的产物，他们执着于那些不太令人兴奋但却非常重要的任务中，而这奠定了成功的基础。[16] 这就是丹尼尔·钱布里斯（Daniel Chambliss）博士在奥运游泳健将的训练实践和习惯研究中所描述的"平凡的卓越"，而这也正是这些游泳健将身上所体现出来的特点。[17]正如他的研究论文所总结的那样：

> "这些运动员所做的训练与有趣无关，只是这些人的游泳速度快，而他们做的事情也都是让游泳的速度快。这一切都很单调乏味。当我的朋友说做这些事儿不太让人兴奋，我的回答是'你说到点子上了'。"

我们的目标和抱负也是如此。尽管目标的结果具有一定的激励性，对个人来说有意义、很重要，但是在成功的路上，我们要专注于每一步的过程，才能引导自己实现这一目标。当然，你的目标不需要涉及奥运梦想。很少有人能做到这一点，而且有时无论在什么条件下，我们的目标都只是基础性的。就像基坎·兰德尔所强调的那样，有时这个目标仅仅是为了享受一段长久且健康的人生。

第7章

你害怕什么

如何处理对失败的恐惧和阻碍成功的潜在威胁

一些调查发现，人们认为在公共场合讲话比死亡更令人感到恐惧。

这很容易理解。对许多人来说，我们可能会认为没有什么比面对一群人讲话更能让人感到一种无法逃脱的被曝光感。在这种脆弱的状况下，我们体验了演讲焦虑的特征：一种心理威胁，认为观众可能会消极地评价我们。[1]

让有些人感到更加担心的是，当我们在公共场合说话时，其他人会听到我们说了些什么。我们可能需要就某个项目问题向同事介绍工作进展，在葬礼上讲述对一位故人的怀念，在老师和同学面前进行介绍展示，或者在会议上讲述自己的专业领域。这些场景可能会触发压力反应，这种反应与窒息性表现有关，就像我们在第2章中介绍过的新西兰全黑队在2007年橄榄球世界杯四分之一决赛中遭遇的那种体验。焦虑会让我们喉咙干涩、呼吸变浅，无法进行思路清楚的公开演讲。我们可能会感到无助、失去控制。当我们脑海中想着观众会给出的负面评价时，我们的思绪就会乱作一团。[2]无论境况如何，我们很难不去想那句老话，"沉默是金胜过口若悬河"。

幸运的是，大多数不喜欢公开演讲的人并非要定期进行公开演讲。然而，当面临具有挑战性的问题时，我们经常会有类似的恐惧。尤其是在计划或开始阶段，想到所有可能出错的问题会让人感到无能为力。这是一种真实的感觉，无论是长久的事业（如开始新的工作），还是紧迫的事件（如跑半程马拉松）。这个阻碍成功的潜在心理威胁可能会成为一种自我预言或以其他方式干扰我们，让我们无法表现出色。在本章中，我们将了解如何防止这些恐惧感让我们偏离成功完成任务的正轨。

千斤重担

想象一下，一名美国奥运田径队队员刚从大学毕业几周内就和耐克公司签订了代言合同。难道你不会欣喜若狂吗？但是，你是否也能感受到伴随这个成就感而来的期望的重量？

这就是史蒂夫·霍尔曼在20世纪90年代初的处境。1992年6月，霍尔曼以全美大学体育协会联赛（NCAA）1500米冠军的身份结束了在乔治敦大学的大学生涯。当月他就在奥运会选拔赛中位居第二，成为出征巴塞罗那夏季奥运会的美国队一员。在一些杂志中，霍尔曼很快就被吹捧为"美国下一个伟大的英里赛跑王"。那项荣誉让当时22岁的他与奥运会奖牌获得者和前世界纪录保持者吉姆·莱恩（Jim Ryun）和史蒂夫·斯科特（Steve Scott）齐名，他们在4分钟内跑完英里赛，是该赛事中用时最短的运动员。

霍尔曼说，"几乎从那些文章写完的那一刻起，我就感觉到了这种负担。这对我来说没有任何激励作用。这有悖于常理，但这就是我对这些报道的反应。从那一刻起，我总是给自己施加难以置信的压力，希望自己不会辜负这个头衔。当我有机会证明我是下一个伟大的美国英里赛跑王的重大时刻来临时，我没有用正确的技巧来处理这种压力，所以无法真正发挥出我的最佳状态。"

这并不是说霍尔曼经常辜负人们的期望。他是 20 世纪 90 年代美国 1500 米赛跑中速度最快的，曾两次跻身世界前五名。我们将在第 9 章中看到关于他个人的更详细的介绍，霍尔曼主要参加的是全美锦标赛，其成绩远远超过了大多数竞争对手。

一定程度上，在运动和生活中的表现是否成功取决于我们如何看待置于我们身上的要求。我们可以做出积极的反应把这些要求看成是一种挑战，或者做出消极的反应把这些要求看成是一种威胁。[3]

当把即将到来的事件看成一种挑战时，无论是比赛还是公开演讲，我们就会摩拳擦掌想要大显身手，会感觉到像兴奋一样的更积极的情绪。当处于挑战状态下时，我们思路清楚、更加专注，也能够做出更正确的决策。最终，我们会表现得更好。但当我们把这件事看成是一种威胁或者用霍尔曼的话说是一种"负担"时，我们就会感到焦虑。当处于焦虑状态下时，我们的专注度降低、思路混乱，总在想如何逃避摆在我们面前的威胁。无论把什么事件看成一种威胁，人们的表现水平都会下降。

那么，面对挑战的反应和面对威胁的反应之间的区别有哪些呢？我们如何做或者心中如何想才能把威胁的感受转变为挑战的感受呢？

我们在第 2 章中学过，问题的关键不是状况本身，而是我们对这种状况的评估。

无论评估哪种状况，我们都会权衡两个方面的信息。让我们把它看作是一台天平。天平的一端是我们所认为的某种状况对我们能力的要求。这些要求将因活动不同而呈现出差异性。在一个 1500 米赛跑中，我们可能需要付出巨大的努力来击败同样意志坚定的竞争对手。在一次求职面试中，我们不知道可能会被问到什么问题。在公开演讲中，我们可能认为我们要以正确的方式说正确的话，以便给充满期待的观众留下深刻的印象。

天平的另一端是我们自己的资源、技术和能力。更具体地说，是我们认为的自己拥有的技术和能力以及我们认为自己可以用它们来完成什么任务。跑步者在评估过程中会权衡他是否认为自己跑得足够快、身体足够强壮，或者在激烈的竞争中具有保持冷静和镇定的心理技能。你也可以用同样的方法来评估公开演讲，并反思你与一大群观众沟通的能力。当我们判断自己没有能够满足当前状况所需要的技术和能力时，也就是说，当我们的技术和能力无法满足当前状况的需要时，我们所做出的反应就是当面对威胁时我们的反应。

最重要的是，事件本身越重要，对个人的意义越大，我们感到的威胁也就越大，反应也就越强烈。和霍尔曼一样，评估的结果可能会让我们感到强烈的威胁感，并做出相应的反应。我们会像霍尔曼所说的那样，不具备"正确的技术（或资源）来应对压力，也缺乏解决压力的条件"来让我们发挥出色。

这里有三个关键因素相互作用，决定了我们如何评估手中的资源，从而认定所经历的状况是一种挑战还是一种威胁。这三个关键因素是我们所关注的目标、控制力和自信心。你可能已经注意到了，在本书的前几章中我们已经学过与每一个因素相关的心理工具。这会让你受益，因为这些工具会让你做好准备，在面对生活困境时，你会感到挑战多威胁少。在这里我们将学习如何运用这些工具来帮你做好准备，面对下一个重要事件。

第一个关键因素是我们设定和关注的目标类型。[4]当我们关注结果目标时，比如击败对手或达到他人的期望（他们甚至都没有与我们交过手），我们要么努力地证明自己比别人强，要么不惜一切代价试图避免这种比较，担心我们可能会被证明不够格。这两种情况中总有一种会发生。因此，如果一个跑步运动员被誉为下一个伟大的美国英里赛跑王，但他认为自己没有能力达到这个标准时，他在比赛中就会刻意回避，无法专注，总想着"我不想表现得比别人更糟"。因此，他很可能会感到这是一种威胁，并做出相应的反应，最终这意味着他无法表现出自己应有的水平。

另一种目标类型是掌控型目标，它尝试超过我们自己的个人标准。它使我们不专注于如何与他人比较，而是专注于掌控手头的任务，以及通过培养自己的技术和能力来让自己达到最高水平。这会让我们把目前的状态看作是一种提升自我的挑战——通过学习和掌握新技能来提高自己的水平。

本书中介绍的许多工具可以帮助你专注于掌控型目标，并在这样做时，让天平倾斜，把所处的状态当作一种挑战。你可以专注于过程目标，而不是结果目标（请参阅第 1 章）。要一步一个脚印，采取有控制力的行动，帮你提升以完成某个事件所需要的能力。这可能需要使用一些让你保持冷静和镇定的情绪调节策略（请参阅第 2

章）。你还可以练习使用触发词来精炼你对自己所说的话或短语的内容（请参阅第 3 章），以避免忧思过度，不能专注于执行关键步骤，从而无法达到最佳表现状态。同时，要确保你有一个有用的自我对话清单（请参阅第 4 章），来管理你所有可能出现的破坏性想法。

第二个关键因素是我们感到自己对局面的控制力度有多大。我们已经看到，要让自己更好地控制所处的状况，就要先关注自己可以控制的方面，并接受自己无法控制的方面（请参阅第 3 章"关注于可控的"），其结果会产生一些有益的情绪，比如兴奋，这会让你把所处的状况看作是一种挑战。相反，只考虑我们不能控制的事情，就像霍尔曼关注书面文章的评价那样，会让人感到焦虑、担忧、威胁，并会做出相应的消极反应。

第三个关键因素是我们的自信心。增强我们的自信心，认为我们有足够的技术、战术、体力或心理技能，能够满足某种状况的需求，这对我们感觉是挑战还是威胁以及做出的反应都会产生重大影响。但是，自信心不是我们靠伪装就能获得的。正如在第 5 章中杰克·尼克劳斯提醒过我们的，获得和保持信心的方法只有一个——工作。而通过学习如何像运动员一样思考，培养我们的心理技巧，是获得自信的重要步骤。

霍尔曼最终战胜了他的全国冠军的魔咒。但当他开始在先锋领航金融服务公司工作时，他又一次被他自己假想的别人的期望压得喘不过气来。霍尔曼除了职业运动员外，没有任何其他工作经历，他使用自己作为运动员时开发的自信工具来审视他的新环境。

"我能发挥自己的能力与我相信自己能成功的信念息息相关。"他说。"所以当我刚来到先锋公司时，谨言慎行，因为我在这种环境下没什么自信可言。好像我的心理工具多，工作能力也强。很明显，雇佣我的人认为我可以胜任我的工作。很多时候，别人比我自己更相信我的能力。但是，我也一直不太自信，直到我迈过了'是的，我能做到'的坎儿。我确信这影响了我的工作表现。"

面对威胁时如何思考

我们感知到的另一种威胁与他人的期望无关，而与我们自己的期望有关。大多数人都会想象当自己尽力表现出色时，会遇到各种差错，设备可能会坏，物流可能会错综复杂，自己可能会被竞争对手排挤等。我们也可能陷入模糊不清的困境，普遍关心势态将如何发展，你可能认为这种感觉是一种"紧张"。紧张既是一种心理现象，也是一种身体现象。

即使是最有成就的运动员面对威胁时也经常会受到困扰。成功的人学会的是迎难而上面对这些威胁，这样会有助于获得成功。

让我们来看看布莱恩娜·斯塔布斯（Brianna Stubbs）的故事吧！出生在英国南方海滨普尔小镇，2004 年 12 岁的斯塔布斯开始划艇训练。在成为划过 21 英里的英吉利海峡最年轻的划艇选手后，她开始专注于奥运会 2000 米短途划艇赛项目。2013 年，她和埃莉诺·皮戈特（Eleanor Piggott）赢得了世界划艇锦标赛 23 岁以下轻量级双人双桨冠军。她于 2015 年和 2016 年两次代表英国队出征世界锦标赛，并分别获得了轻量级四人双桨项目的银牌和金牌。你可能认为斯塔布斯只是一台无须动脑的划船机器。实际上，她经常被各种各样可能会出错的问题所困扰。

尽管斯塔布斯喜欢比赛，她说，"我还是会对我所期望的结果最后怎样发展担心，比赛最让人感到可怕的是你会表现不佳，或者在并排划艇比赛中，有些人的表现会比你好。很难不去想这些想法和感受？比如，在比赛开始后的前500米我们发挥出色，但是在我们前面还有一个艇，那么我们该怎么办？"

但是，与其被这种想法所束缚，斯塔布斯使用了她所谓的情景规划法以及我们讲过的"如果–那么计划法"，让自己冷静下来以做好比赛准备。

斯塔布斯讲述了她作为世界级划艇队队员的时光，她说，"场景规划是一个非常重要的工具。你不仅能够清楚地表达你的感受并解决它，还能聆听队友的感受，你们会交流彼此的感受，并且你会知道如果你们身处那种情况下，你们的计划是什么。"

"我们甚至还为比赛之外的事情做了情景规划，比如你正在热身，有一套装备失灵，或者发生了什么事，让你无法从休息宾馆赶到比赛场地。如果你已经提前做过一些交流，就很容易让团队达成共识。"

斯塔布斯针对设备故障或后勤问题的情境规划，让我们想到第1章谈到的迈克尔·菲尔普斯和他的教练鲍勃·鲍曼的"如果–那么计划"。你可能会想，这与"关注于可控的"策略有什么关系？为什么要花时间考虑那些可能永远都不会发生的事？而且在某种程度上，可能在我们的可控范围之外？

这样做的主要理由是：虽然我们可能无法控制事态的发展，但是我们可以计划和控制我们对它们的反应。尽管在充分准备和检查后，设备有时还是会失灵，就像在2008年奥运会的200米蝶泳决赛中迈克尔·菲尔普斯的泳镜破裂那样。冷静地应对这些事件，例如关注正念的发展过程，要比恐慌和焦虑更有可能让我们发挥出色。正如斯塔布斯所说，"我学到了一个本领，就是把终点线想象成蹦床。如果你想到终点线，你的思想就会反弹回到你现在正在做的事情上。我学会了如何更好地专注于当下，专注于完成任务的过程。"

我们可以用类似的逻辑来解决我们在非体育运动状况下的焦虑问题，如公开演讲。面对即将开始的公开演讲，我们可能会这么想，"如果我的幻灯片无法打开、我找不到准备的笔记怎么办？"或"如果人们认为我并不知道自己在说什么怎么办？"或"如果我的观众不会回答我提出的问题怎么办？"（关于最后一个问题，请参阅诺埃尔在第 1 章中提到的解决方案！）

但正如运动员们已经学会在赛前管理自己的身体一样，我们可以使用本书讲述的心理工具来解决生活中重大事件前的焦虑。例如，我们可以使用如深呼吸或者肌肉放松等方法（请参阅第 2 章的"呼吸和放松"），并想象公共演讲的情景，想象自己公开演讲的技能越来越高，这就是一个称为系统脱敏的过程。[5]想象公开演讲的过程可能是逐步推进的，从独自一人在卧室里读我们的演讲稿，到在一小群人选面前演讲，再到我们演讲期间有效地回应观众的问题，最后到投影仪故障、我们的幻灯片从屏幕上消失！系统脱敏让我们在感到压力的时刻或者面对意外情况时，能以一种冷静、自信和掌控的状态做出反应。

我们已经知道了重新评估（请参阅第 2 章的"重新评估策略"）有助于运动员在重大事件前解决他们的疑虑问题。重新评估也有助于缓解对公开演讲等与表现有关的焦虑。与专业治疗师一起重新评估公开演讲焦虑的程序是：首先从专门讨论对公共演讲的恐惧开始，通过谈话交流来明确哪些是消极的话语和非理性的想法；随后，治疗师将帮你质疑这些想法，引入更有助于解决问题的语句，如"我能处理好这件事"（请参阅第 4 章的"自我对话"），以应对不利事件或当个人进行自我对话时产生的于事无补的想法。

对公开演讲焦虑的全面重新评估策略与布莱恩娜·斯塔布斯和队友在国际大赛前进行的情境规划有很多相似之处。通过表达他们的感受以及计划如何应对不利情况，划艇手们互相帮助，把这次赛事重新评估为可以克服的挑战，而不是可怕的威胁。

重新评估工具也可以用于生活的其他方面。正如我们在第 2 章中所看到的，像演讲者一样，运动员可能会认为无论他的表现如何出色，观众都不会有什么改变。同样，将焦虑情绪重新评估为一种让人兴奋的情绪，无论是在运动领域还是在非运动领域，都可以提高人们的成绩，如唱歌或公开演讲。

最后，请记住，你所表现出的水平是你为之奋斗数周、数月或数年的最终结果，如马拉松冠军梅布·科弗雷兹基把关键性比赛看作是最后毕业的那天。如果你是一个学生，被要求做报告展示，这很可能是你一直努力学习才能参加的项目，而这个项目也是你自己选择的。同样，如果你的任务是向领导或同事汇报项目进展，你可能会认为这是展示你才华的一个独特的机会。

正如斯塔布斯所说，"一件一直困扰着大多数人的事情是，当你站在起点线上时，你的所有神经都达到了紧张的顶峰，或者说所有的神经都在向顶峰进军，你要把它看作是一种选择和特权。我们通常会说，'我们唯一想去的地方就在这起跑线上。'或者比赛的前一天晚上，在酒店里很容易让人产生一种消极的想法，把这一切看作是一种压力。但是，如果你想想所有那些想要住在这里的人，你可以把它重新定义为一种积极的事情。"

天才是 99% 的汗水

除了两枚世锦赛金牌之外，斯塔布斯还拥有生理学博士学位。她是一位酮酯前沿问题的国际权威。有人说此类合成物会带来运动、健康和认知方面的诸多益处。

"我不是尖酸刻薄，但有时运动员有点头脑简单，他们甚至根本不动脑子。"斯塔布斯说，"但我是一个过度思考的人，我不会只关注如何操作而不去分析和思考。我必须学会变通之法，才能做一名聪明的运动员。"

斯塔布斯说："我们有很棒的心理支持团队。它向每一位队员开放，但不是每个人都会使用它。我觉得我是一个有点头脑的人，我在心理学上的投入是唯一对我有帮助的事儿。"

当史蒂夫·霍尔曼启动全美冠军争夺战时，一个熟人善意地安慰他说，"你就是太聪明了，你想得太多了。"我们将在第 9 章中看到，在他已经成为一名奥运选手并达到世界排名第五的名次很久以后，他咨询了一位运动心理学家。

对于运动员来说，像斯塔布斯和霍尔曼一样聪明是"好"还是"坏"，这并非关键问题。高智商本身并不能让一个人获得锦标赛冠军。斯塔布斯和霍尔曼积极地提高他们的心理技能，目的是让自己达到运动员的最佳状态。他们认识到了解自己的重要性，并努力改进自己认为需要改进的心理领域。

在这一点上，斯塔布斯和霍尔曼的做法，对于顶级运动员来说绝非罕见。虽然很多人认为"天才"是一种天生的能力，但我们所说的"天才运动员"是指这些人已经学会并磨炼了一套认知工具，能够满足他们在高压下对技能表现的需要。

例如，奥运会滑雪冠军基坎·兰德尔并不像斯塔布斯那样，认为自己是"一个有点头脑的人"。然而，她把她的成功大部分归功于她在职业生涯开始时掌握的心理工具，并且她在接来的 15 年中又在不断磨炼这些工具。

2002 年，当兰德尔被提名为美国发展团队成员时，她和她的队友们被指派去接受一名运动心理学研究生的培训。兰德尔说，"她让我们接受了一个基本上是顶尖的心理技能训练。在这儿你能接触到所有不同的技能，这真是太好了！每门课程都从我们的自我评估开始，我们认为自己所在的水平，然后在课程结束时评估我们有多少收获。在项目结束时，我们要选择那些我们认为对自己来说最重要的技能。"这听起来熟悉吗？兰德尔正在谈论的就是我们在本书前言中介绍的优势规划工具，你可以在附录 1 中找到它。

兰德尔在还是个十几岁的孩子时，家长和教练就曾告诉过她一些心理工具，如积极的自我对话，她会说，"看上去很有用，'好吧，那个我试过很有用，这里有一些方法可以调整它，让它变得更好、更强大。'"

天才的特性之一是去学习你不知道的东西，以及你将如何改进以让自身受益。使用那些量身定做的心理工具，你就能够面对恐惧并解决它，重新梳理你原本以为的威胁，这样它们就不会阻碍你发挥出色。

第 8 章

保持你的动机

如何在强劲起步后让自己保持在实现目标的轨道上

2017 年，在对 1159 名美国成年人进行的民意调查中发现，美国成年人最普遍的五大新年决心是多运动、多吃健康食品、省钱、注重自我保健（如多放松、多睡觉）、多读书。[1]

你大概可以猜到结果如何。在新年决心开始的前两个月内，我们中有 80% 的人放弃了。[2]那些新年决心的坚定支持者会定期去健身房，这让中途放弃的问题更进一步凸显出来。多达 47% 的人会在成为健身会员后 2 个月内不再去上健身课，而有 96% 的人会在 1 年内退出。[3]

即使是我们当中看起来最专注的人，也不能对这些令人沮丧的趋势免疫。脱离实现目标的轨道是很常见的一件事。我们可能会报名参加一场比赛，在刚开始的几周内情绪高涨，但在之后的日子里我们会不断错过训练。也许我们的目标是每天吃 5 份蔬菜，但一个月后就开始说服自己吃薯片也能实现这个目标。也许我们告诉自己，我们将参加每周的瑜伽课或每月的读书俱乐部，但在 6 个月后我们才从自由自在的生活回到瑜伽课堂或读书会。

这通常不是因为我们缺少那种模糊不清的被称为"意志力"的品质，或者因为我们的"愿望"不强烈。虎头蛇尾的事情经常发生，这是因为我们没有使用各种正确的工具来处理这一个全世界普遍存在的问题。

惯例成功法

在努力实现目标的最初几天或几周里，我们面临着被阻挡的最高风险，从而让我们回到我们以前的行为和惯例上。成功的运动员有很多法宝，可以教我们改变我们的行为、坚持我们的目标、实现我们的雄心壮志。

体操运动员西蒙·拜尔斯（Simone Biles）获得了 19 次世界冠军和 4 次奥运会冠军。让我们来看看在她还是加州大学洛杉矶分校的学生时的作息安排。[4]

7：00　起床、刷牙、化妆、梳头

8：00　早餐：谷类面包片或蛋白

9：00　以"基础和技能"为重点的热身和训练

12：00　午餐：鸡肉或鱼肉类高蛋白

13：00　休息

14：00　点心：蛋白质奶昔、香蕉和花生酱

15：00　健身房锻炼：把常规晨练项目与技能组合在一起

18：00　　在健身房或家里进行物理治疗

19：00　　晚餐（最喜欢的健康晚餐是鲑鱼、米饭、胡萝卜）

20：00　　与家人聊天

21：00　　赶作业

23：00　　熄灯睡觉

　　成功运动员所需要的所有要素都在这里。然而，更重要的是，积极、健康的行为是许多人渴望但却难以实现的。其中包括一些最常见的新年决心：定期锻炼、吃健康食品、注重自我保健（如获得充足的睡眠，花时间休息和放松）。

　　我们常常难以坚持到底的原因是多方面的。一是改变我们的行为通常意味着要努力克服旧习惯，比如我们经常会沉溺于在沙发上看电视或吃垃圾食品。二是改变我们的行为需要很强的自我控制能力。不幸的是，正如我们在第 1 章中学到的，自我控制是一种稀缺资源。当我们自我控制能力很低时，比如当我们累了或者已经抵制诱惑一段时间后，我们经常会屈服于那些障碍，不再尝试改变。

　　让我们以最常见的新年决心为例，离开沙发，多做运动。为什么我们能够成功地坚持锻炼，或者开始时很好但却最终放弃了呢？能够对这种现象做出解释的现有理论假设包含两个关键过程。[5]

　　第一个过程是我们对锻炼产生的不由自主的想象。当想象不同类型的活动时，你会自然而然地认为它们有趣和令人愉快吗？它们是你喜欢做并感觉很好的事情吗？还是一想到锻炼，你的脊背就会发凉、感到不愉快，因为你认为它们很无聊、费力、痛苦（不是指运动损伤方面的痛苦)？

当然，你的回答可能不是简单的一或二。可能有一些运动你很喜欢，但还有一些是你不喜欢的。本书的两位作者都是坚定的跑步运动者。我们从跑步中得到很多乐趣和享受。当诺埃尔想到跑步时，他的脑海里充满了愉快的联想，比如感觉自由、轻松、恢复活力。这是他的"独处"时间。跑步也能让他回忆一些美好的跑步体验和他当时的感受。斯科特从跑步中得到很多乐趣，他还写了一本书名为《跑步是我的治疗方案》(*Running Is My Therapy*)。

然而，当诺埃尔想到高尔夫时，他会立即感到不愉快。这是因为他过去打高尔夫时感受不好，通常都要去高草地里找球，这让他感到一阵阵的挫败甚至愤怒。当斯科特想到高尔夫时，他通常想到的是本来可以在上面跑步的空旷绿地被浪费了。

这些感觉很重要，我们可以把它的含义概括如下：我们倾向于重复那些让我们感觉良好的行为，而避免那些让我们感觉不好的行为。这就是斯科特和诺埃尔每天都跑步，但是他们都不常打高尔夫球的原因！

第二个过程是自我控制的重要性。有些东西可能不会总让人感觉很好，但我们仍然坚持这样做。对于斯科特和诺埃尔来说，并不是所有的跑步训练都很有趣。一遍遍间歇训练，重复一段段山路，数小时的长跑，可能会让人痛苦不堪。每次想到要经历这些环节，知道自己会产生这些感受，让我们想去选一些更容易的锻炼方式或者根本就不去锻炼身体。

但我们也可能会反思这些环节是如何与我们的目标和价值观相匹配的。反思我们的目标是指，我们要想一想自己训练是为了哪场比赛，而我们希望在比赛中尽力发挥出色。反思我们的价值是指，要考虑一下哪些事情对我们很重要。[6]例如，我们可能认为要努力工作、挑战自己、掌控任务、遵守纪律，以及放弃短期享受而追求长期责任等。[7]这些想法可能会提供足够的动力，引导我们走出家门开始训练。

但是，在完成一项活动的过程中，当我们感觉不总是心情舒畅，也没有什么立竿见影的奖励时，这就需要自我控制。在有些日子里，当动力和意志力都很低的时候，我们有时会找借口去做其他事情。尽管计划和意图都很棒，我们还是会置之不顾。

这项研究有许多重要的意义。一是如果你想改变你的锻炼行为，让你的身体更加活跃，那么做一些让你感觉更愉快、更享受的活动会让你受益。如果你觉得跳舞感觉很好或者和朋友一起踢足球很刺激，那么就选择这些活动，而不是那些你不喜欢的活动。听有声读物或音乐，在自然环境中锻炼，都是为你提供积极的分散注意力的机会，让活动更轻松也更令人愉快（请参阅第 3 章的"分散注意力的示例"）。从长远来看，你更有可能坚持更开心也更令人愉快的活动。对哪种锻炼形式是"最好的"的建议，往往忽略了个人感觉这一关键问题。对你的健康最好的锻炼方式就是你最常做的活动。

然而，这并不意味着经常做的活动都是那么有趣的，而且在有些日子里它会变成一场磨砺。在这些情况下，你可以使用其他心理工具来帮忙。人们往往会反复去做那些与他们的价值观和目标一致的事儿，比如每天锻炼身体、避免吃薯片以保持健康、阅读书籍、避免使用社交媒体、为考试而学习等，这些都是不需要太费力就能坚持的一些行为。[8]其诀窍在于避免依靠你的意志力来克服分散注意力或抵制诱惑。

　　解决的策略之一是识别那些你需要很费力才能自我控制的场景，并尽量避免它们。例如，尽管你的目标是吃得健康，但如果你经常要费力地去抵制薯片的诱惑，那么在购物时就不要走过摆着垃圾食品的通道。因此，你就不会看到架子上一袋袋的薯片，也就避免了被它诱惑。

　　同样，如果你需要为一个重要的考试而学习，或者只想多读一些书，避免因社交媒体而分散注意力，那么就可以关掉手机把它放在另一个房间里。这样做让你不太可能会受浏览社交媒体订阅号的诱惑，因此，不太可能需要自我控制来完成学习课程或阅读活动。

　　当然，第一条原则在这里也适用。如果你不喜欢垃圾食品，而喜欢新鲜水果和蔬菜的味道，那么健康饮食对你来说并不需要太多意志力。同样，如果你不喜欢参与社交媒体活动或者觉得它很无聊，那么你就不需要进行自我控制，就不用抵制诱惑，也就不会因它分散注意力。

　　在阅读前面的段落中，你可能注意到了，上述几段中介绍的第一个策略（识别并避免需要自我控制的场景）是基于我们在第 1 章中介绍的"如果－那么计划"。制订"如果－那么计划"（或应对计划），有助于你保持在实现目标的轨道上，不需要那么强的自控力来克服分散注意力或抵制诱惑。换句话说，你可以使用"如果－那么计划"来创建一个解决方案，在一开始就减少你面对分散注意力或诱惑的情况。

　　对于一些行为，比如建立一个锻炼的习惯，争取他人的支持也能帮助你坚持下去。[9] 有一个伙伴一起训练，可以让去健身房或其他锻炼场所不那么可怕。[10] 与朋友交谈，是一种让人欣然接受的分散注意力的方式，有助于让你在锻炼过程中自我感觉良好。制订一个锻炼计划，并依据计划对你的训练伙伴做出承诺，这样可以减少依赖自己的驱动力和自控力。当锻炼计划是你与合作伙伴一起制订的时候，你更有可能参加锻炼，即使在你的动力减弱的时候。

最后一个策略是按照步骤养成新习惯。从根本上说，这是最重要的。它能帮助你保持在实现目标的轨道上，减少你对自控力的依赖（请参阅第 1 章的"把它变成一种习惯"）。从定义上讲，习惯是一种自发的行为，几乎不需要动力或有意识的想法来执行它。换言之，习惯行为的实施不太需要依靠意志力，因为我们不需要通过制订计划或下定决心来做出这些行为。因此，即使有些时候，当你感到疲倦、工作压力大、面对分散注意力或诱惑时，你仍然有可能完成已成为习惯的行为。正如我们在第 1 章中所学到的，遵循步骤可以打破你不想要的坏习惯，有助于你成功改变一系列行为并养成新的习惯，包括健康饮食和定期锻炼，并能继续把新习惯保持下去。

专注于奖赏

然而，不幸的是，许多人喜欢垃圾食品和懒洋洋地躺在沙发上看电视，也不愿意锻炼身体。同样，当应该工作的时候，我们会花很多时间来阅读社交媒体的推送，或者关注其他诱惑我们或让我们分散注意力的事情。比如，在写书的时候，你可能会告诉自己当时的大脑不太清醒，在推特上浏览信息或者做一下填字游戏会让你休息一下，等你感觉自己已经准备好能够高效工作时再动笔。

如果这些场景中有任何一个适用于你，那么它就是让你分散注意力的因素，会诱惑你偏离实现长期目标的轨道。虽然短暂地屈从于任何一个诱惑或分散注意力的因素不是什么大问题，但是它很容易变成一种隐患。经常不断地对自己说"就这一次"的结果可能会更糟，因为如果没有一开始就养成良好的生活习惯，人们更容易把禁不住诱惑和分散注意力看作是一时过失，而不管它们多么频繁地带你偏离了轨道。

在这方面，运动员让我们懂得了实现目标的"完美"时间几乎总是现在。一周中的大部分或所有训练都需要在可用的时间内尽你所能地做到最好。要等待理想中的体力、脑力和天气的出现，这几乎意味着一事无成。无论何时，当你感受到诱惑且注意力分散时，请提醒自己那些在雨中跑步或者一夜无眠后依旧晨练的时刻。然后，继续出发。

这些状况也再一次提醒我们良好的目标有多么重要。正如我们在第1章中详述的那样，一个好目标的特性之一是它会让你去努力实现它。如果这个目标是你已经知道你可以做的事，那你的努力又有什么意义呢？我们自身的内在因素导致偶尔想走一条轻松的路，在社交媒体上消磨时间而忽视自己的工作，或者睡懒觉而不去锻炼身体。

同样，在第1章中，我们讲到了世界著名的生物学家、前超长马拉松赛冠军贝恩德·海因里希。海因里希认为，具有挑战性的长期目标使我们个人得以全面发展，他称之为"替代性追逐"。这是古老祖先那里传承下来的现代版本，我们的祖先通常的狩猎方式是追逐猎物让其精疲力竭。海因里希认为，那些在希望渺茫时仍能继续打猎的猎人在进化过程中会受到偏爱，而我们现在仍然具有这种追逐利益的心理品质。

对海因里希来说，跑步与训练的关系就像在大自然中漫步与做研究的关系一样。训练和研究都需要有意识、有耐心才能到达彼岸，无论是实现个人的最佳状态还是生物学上的突破。

"跑步很有趣，但训练却并不有趣，而坐在树上看一天乌鸦一点也不好玩。"他谈到他的一个研究领域时说，"你要有这样的远见，你要有某个特定的目标，才能让你为了达到目标而忍受繁重而无聊的工作。研究就像跑步：你必须每一步都努力追求这个目标，才能有所收获。"

海因里希所说的"繁重而无聊的工作"，用我们更为温和的说法是指"那些你很可能失去自驱力，不想朝着目标努力的时刻"。比海因里希年轻几十岁的莉莲·凯·彼得森（Lillian Kay Petersen）兼具跑步运动员和科学家的双重身份，她也是采取类似的方法来兼顾运动和日常生活。

出生于新墨西哥州洛斯阿拉莫斯的莉莲·凯·彼得森是 2020 年雷杰纳隆科学奖的大奖得主。该奖于 1942 年设立，是面对美国高年级的高中生举办的著名的科学和数学竞赛。在该奖首次开赛时，海因里希只有 2 岁。

彼得森的获奖项目是她建造了一个能够利用卫星图像在谷物成熟前 3 – 4 个月预测非洲各国农作物产量的模型。"我建造这个模型的原因是，发展中国家经常对干旱和粮食短缺问题的反应速度太慢。"她说，"埃塞俄比亚在 2015 – 2016 年发生了严重干旱，有 1800 万人面临饥饿的危险，而各级政府组织对这场饥饿危机毫无准备。

因此，我想找到在干旱发展过程中监测农作物健康状况的方式，以帮助政府组织及时做出反应，防止未来的粮食危机。"

彼得森现在是哈佛大学的学生，自 7 年级起每年至少做一个研究项目。她的两篇研究成果已经发表在同行评议的期刊上。她也从 7 年级开始跑步，并说她从跑步中学到的思考技能是她做出巨大科学成果的关键。

"我一直专注于我的目标和我想要实现的结果。"她谈到了跑步训练或参加比赛的艰辛，"我知道，如果我松懈或选择更容易的路线，那么我就不会达到长期以来我一直试图实现的目标。"

彼得森将这种坚持目标的正念心态应用于科学研究中。当然，她也不可避免地遇到一些暂时非常诱人的其他活动。"科学研究从来都不是一件容易的事儿。"她说，"这需要经年累月、持续不断地努力工作，而我又试图同时做很多其他的事情。当处在研究工作真正最困难的'爬坡'阶段时，你必须意志坚定才能到达顶峰并实现目标；而当你得到所有的认可、感觉春风得意时，要能够'下坡'。但首先你必须努力工作。"

"在跑步中，你有好日子，也有坏日子，有上坡路，也有下坡路。"彼得森说，"在研究中，有时你会感到很有趣，但有时你会想要用头撞电脑，因为你找不到出错的地方。科研太难，有时你会想要放弃。就像跑步总是值得去做的运动一样，因为你知道每天训练时你正在增强自己的力量，并且离你的目标越来越近。研究也是值得去做的事情，因为你每天为某个项目工作时，你在培养自己的技能，变得更加熟练，离目标越来越近，无论是获得研究结果、结项，还是刊发论文。"

　　我们把彼得森所说的关于个人有意义的目标和价值观如何帮助我们抵制这种不相关的诱惑和干扰作为本章的结束语。

　　"通过跑步，我知道了满足感和短期幸福感之间的区别。"她说，"我觉得为了获得满足感，努力工作很值得。工作越努力，实现的目标越多，我发现自己可以做很多事情。而对我来说，看电视或浏览社交媒体都不太值得我付出时间。它们虽然让你在此刻感到快乐，但是不会带来长期的成功或满足感。"

第9章

中途的混乱

如何适应不断变化的生活而不胡思乱想

这本书的大部分篇幅是关于如何处理"后退""放弃""下次再做"等这些弱小的声音（或许这些声音的音量并不那么小），以及处于挑战状况下的一些毫无用处的思绪。但这些时刻（你够坚强了吗?）并不是对我们是否有能力实现最佳状态的唯一考验。

我们也可能会因两个看似相反的现象而受阻，思考不周或思考过虑，这样说也许过于简单了。"思考不周"是指在面对事物时，我们不能把正念方法应用于实践。"思考过虑"是指对事物如何发生的问题陷入了无休止的分析循环中。两者都有损于你发挥个人能力。

这些小精灵般的声音往往不会在终点在望，并且如何操作更为直观时突然跳出来。（结束它!）然而，在你不知所措，找不到出路时，大多数情况下是在从事具有挑战性的任务的前2/3的路程中，这些声音会跑出来干扰我们。在本章中，我们将了解如何处理这些问题，以朝着最好的方向继续努力。

适应起起伏伏

赖恩·霍尔（Ryan Hall）在 2007 年盖特河马拉松赛上一亮相，就让这次马拉松成为历史上最受期待的 15 公里越野赛。霍尔在休斯敦半程马拉松赛中以 59 分 43 秒创造了美国半程马拉松纪录，成为第一个在 1 小时内跑完半马的美国非移民选手。在其结束不到两个月的时间内，霍尔就参加了佛罗里达州的马拉松赛。

比霍尔在如此短的时间跑完半马更令人印象深刻的是他跑出这个纪录的方式。霍尔跑半程马拉松的过程中似乎完全不受周围世界的影响，这与当年晚些时候他在美国奥运会马拉松选拔赛中获胜的情形一样。他在整个半程马拉松中几乎是独步天下，轻松自如地一次又一次以 4 分 30 秒跑完 1 英里的路程，他那飘逸的大步流露出一种镇静和自信。在比赛结束时，他全无筋疲力尽之态，更像是能量满满。

所以，当霍尔说他的目标是创造盖特河马拉松赛 15 公里的纪录时，跑步迷们都很兴奋。超越托德·威廉姆斯（Todd Williams）42 分 22 秒的成绩似乎是一个轻而易举的目标。在休斯敦马拉松赛中，霍尔以平均每英里 4 分 33 秒的速度跑完了 13.1 英里。要打破威廉姆斯的纪录，霍尔只需要在 9.3 英里（这比半马的距离短了近 4 英里）的路程中，平均每英里提速 1 秒钟。

然而，那天威廉姆斯的纪录并没有被打破（事实上，直到 1995 年他仍是这一纪录的保持者）。与休斯敦半程马拉松赛不同的是，霍尔的身体还没有准备好完成他雄心勃勃的目标。他几乎一开跑就偏离了打破纪录所需的跑速。霍尔在前 5 公里用时为 14 分 13 秒，每英里的平均用时为 4 分 35 秒，这比他两个月前跑 13.1 英里时的速度还慢。[⊖]

在接下来的 5 公里，霍尔不仅远远落后于他的目标速度，经常看手表就可以证实这一点，而且他还失去了领先优势。梅布·科弗雷兹基，在休斯敦马拉松赛中被霍尔超越 2 分 30 秒还多的选手，在 5 公里后不久就超过了霍尔。在跑到 10 公里的时候，梅布·科弗雷兹基领先了 14 秒。最后，梅布·科弗雷兹基的领先优势已经增长到 20 秒，最终以 43 分 40 秒获胜。而霍尔以 44 分获得第二名，比他的目标速度大约慢了 1 分 30 秒。

正如我们在第 4 章中所看到的，梅布·科弗雷兹基在他漫长的职业生涯中一直是一位通过自我对话来激励自己的大师。他取得成功的因素之一在于，当他参加比赛时，他的目标很灵活，且分成几层。比赛当天，当他意识到追逐自己的梦想目标不再现实时，他很快调整了自己的最高目标。与之相反，霍尔经常与比赛中不可预测的状况抗衡。他似乎经常是与时间赛跑，而不是与其他跑步者竞争。2007 年盖特河马拉松赛就是一个极端例子，显示了这么做的危险性。因为当手表上的时间不再提供积极反馈时，霍尔就变得失去目标随波逐流了。

当然，我们只能推测霍尔在那场比赛中的想法。但是，根据以往的经验和本书中详细叙述的证据，我们可以提供一些帮助你适应

⊖ 1 英里 = 1.609344 公里。——译者注

起伏变化的心理工具，特别是需要你表现出最佳状态时。专注于可控的过程目标（如跑速平稳且保持放松），而不是结果目标（如打破纪录），可以让你减少焦虑且更加自信，这两者都有可能提升你的表现水平。制定短期的小目标，霍尔本人把它作为标题写进了他的回忆录，跑 1 英里也能让你停留在当下，并有效地适应不断变化的环境。这就是第 1 章中介绍的运动员使用的"任务切块"工具。

在第 3 章中，我们还了解到，有时，我们必须通过磨炼心理工具才能让我们发挥出色。让我们比较一下霍尔在休斯敦半程马拉松赛中创造纪录和在盖特河马拉松赛中没能打破纪录这两种状况，你可能会回想起我们在第 3 章中介绍的两个"全神贯注"状态、心流体验和超常发挥。

当一个早期、积极的事件让我们知道自己的状态很好，如以创纪录的速度跑完第一英里，这时候人们常常会有心流体验。从那以后，一切都很顺风顺水，我们的信心会更强。

但是，那些我们必须"让它发生"的日子又如何呢？在这种情况下，当事情不太顺利时，我们必须依靠一套不同的心理技能来磨炼自己，才能解决这个问题。保持放松（请参阅第 2 章），关注当下（请参阅第 3 章），并以建设性、激励性的方式进行自我对话（请参阅第 4 章）等心理技能都可以在这一刻帮助我们。

正如我们在第 1 章中所看到的，精英运动员都会为迎接这些挑战做好计划和准备，以便他们能够适应未来的挑战瞬间。回想一下在 2008 年奥运会 200 米蝶泳决赛中，迈克尔·菲尔普斯在泳镜出故障时平静而克制的反应。计划好将如何应对"如果–那么"时刻，同样可以帮助我们度过最艰难的时刻。

不要对意外感到惊讶

这个技能与本书中的其他技能一样，可以提高你管理意外事件的能力。这又让我们想到了迈克尔·菲尔普斯，这一切要归功于他自己和他的教练喜欢练习如何应对不太可能出现的特殊情况。当然，我们中的大多数人没有时间去充分创造"如果－那么"的学习体验。但是，你可以借鉴以往应对突发事件的经验，以便在未来的类似状况下增强信心和应变能力。

让我们想一想在阿尔维纳·贝盖（Alvina Begay）的长跑生涯中那两次最难的训练吧！在被久负盛名的耐克－俄勒冈州项目吸收之前，贝盖接受了大量艰苦的训练。但是，该项目的教练艾尔伯托·萨拉扎尔（Alberto Salazar）在1978年法尔茅斯公路赛结束后险些丧命，在经历了最后的告别仪式后，他对于"艰难"的含义有了不同的理解。（在贝盖离开该训练队的数年后，萨拉扎尔收到了一份兴奋剂禁令；贝盖与萨拉扎尔的罪行无关。）

在萨拉扎尔执教前，贝盖最难的训练之一是在环路上，按照比赛速度进行6次1英里间歇跑，总长度在5公里到10公里之间。在萨拉扎尔执教下，这样的训练已经没有什么特别之处。贝盖在回忆萨拉扎尔的训练时仍有点发抖，她要完成10次1英里间歇跑，全部在赛道上完成，而且每次英里跑的速度都要快于前1次英里跑的速度。

贝盖能够挺过这项艰苦卓绝的训练，得益于她把任务切块、设定过程目标和进行激励性的自我对话等做法。她只考虑附近的英里间隔，而不是让人窒息的总里程；在每一次休息前，她都会注意在规定时间内完成每小段的跑步任务，以便能按照目标时间完成总任务；她不断地告诉自己她可以完成魔鬼训练。

她做到了。或者至少她认为自己做到了。正当贝盖为自己完成任务而庆幸时，萨拉扎尔给她布置了一个让她出乎意料的新任务：她现在要做 4 次 400 米重复发力跑（每次都要在跑道上以最快速度跑一圈）。"我真想哭。"贝盖说。然而，她没有哭，重新调整了关注点，搞定了残忍的附加训练。

还有一次，贝盖被要求以稍快于她的目标马拉松速度跑完 12 英里。用训练术语来说，这个"稍快"或多或少意味着她要用完成半马（13.1 英里）的速度跑 12 英里。当她接近 12 英里的标志时，她感觉非常累，也因训练进行得很顺利而兴奋，但是萨拉扎尔告诉贝盖要以更快的速度再跑 2 英里！

萨拉扎尔的战术属于教练们经常使用的一种正常训练策略。耐力研究以实验为基础，以磨炼为常态。科学家们和穿着实验室外套的受虐狂们也会像诺埃尔一样，经常以类似的方式操纵多项任务，就如贝盖接受的意料之外的 14 英里训练跑的任务。

现在举一个例子，它是由南非开普敦大学研究人员进行的一项研究。[1] 16 个训练有素的跑步运动员进行了三次 20 分钟的单调乏味的训练。在第一次实验中，参与者被告知他们要在训练开始前先跑 20 分钟。在第二次实验中，他们事先不知道要跑多久，等跑到 20 分钟的时候才告诉他们停止。在第三次实验中，参与者被告知他们只需要跑 10 分钟，但当他们接近预期的终点时，就像萨拉扎尔对待贝盖一样，研究人员告诉参与者说他们必须再坚持跑 10 分钟。

不出所料，在第三次实验中，参与者在完成那段意料之外的跑步任务时，与前两次完成同样的跑步任务相比，他们的感觉要更糟些。也许更有趣的事实是，尽管参赛者以完全相同的速度在跑步，但他们却认为，自己在完成 10 分钟跑步任务后继续跑步，感觉上比前两次 20 分钟实验中完成相同时段的跑步任务更难。同时，他们转而专注于思考自己的身体感受。正如我们在第 3 章中所看到的，全神贯注地过度关注身体的感觉，如呼吸加快或肌肉疲劳，会让人在进行像跑步这类活动时感觉完成的难度更大。我们处理这类突发事件的能力，取决于在那个特殊时刻我们选择使用何种心理技巧来控制我们的注意力。

2019 年，诺埃尔在北爱尔兰阿尔斯特大学的实验室进行了一项针对跑步运动员的研究，他采用了类似的方法。[2]诺埃尔想知道，跑步实验的难度是否会影响跑步者的跑步节奏。他还想深入了解跑步者用来应对意外事件的心理策略。其研究设置与开普敦大学的研究类似，诺埃尔让 28 名训练有素的跑步者完成三次自行配速的跑步测试。第一次实验是一场 3 公里平地跑步计时赛。第二次和第三次实验以随机顺序完成，参与者最后要跑完一个 800 米的上坡（斜率为 7%）。

在一次上坡跑步实验中，参与者在出发前被告知他们在实验的最后部分必须跑上一个斜率为 7% 的上坡。而在另一次上坡跑步实验中，他们被蒙蔽了这个信息。在这次 3 公里跑之前，他们被告知整个跑步过程都是平坦的路面。事实上，他们是在离坡度只有 200 米的距离时才被告知前面有斜率为 7% 的上坡。实际上，这意味着跑步者在得知消息后还不到 1 分钟就要开始爬坡。

你也会猜到结果，在实验的早期，当参与者以为是在平地上跑步时（不知道要跑步上坡），他们的跑步速度要快于当他们知道等待自己的是斜率为 7% 的上坡时。这个很容易理解，当预期一项任务变得越来越困难、要求越来越高时，我们就会有些退缩不前。

同样有趣的是，在未告知参与者要跑步上坡的实验中，跑步者们对意外坡度是如何做出反应的。在任何时候向上跑斜率为 7% 的上坡都是很难的一件事。但是，去跑一个你没有预料到的，也没有为它保存体力的上坡，就更难了！这些有经验的跑步者通过使用更多的积极和鼓励性的自我对话来应对这个难题，他们会重复诸如"加油"等语句。而那些曾经参与过事先告知有上坡路程的人会说，"你以前做过的。"令人惊讶的是，这些人跑完最后 800 米上坡路段的用时相同，这与他们是否事先知道有上坡路程存在并没有区别。然而，不同之处在于，参与者在未知上坡实验中的总用时要比已知上坡实验中的总用时少 14 秒。

本研究发现，如果我们预计事情容易，就会跑得更快。这也许可以解释萨拉扎尔的策略，告诉跑步者一次训练比最终实际的训练更短或更容易。教练们实施这些类似的策略，旨在帮助运动员在面对压力情境时学会控制自己的情绪反应。这就像鲍勃·鲍曼在训练迈克尔·菲尔普斯时采用的一些策略，以应对奥运会竞技场上的突发事件。心理学家称之为"压力素养训练"（pressure inurement training）。[3] 这是一种体验压力的方法，有助于运动员在训练环境中练习自己的心理技能，从而在压力更大的竞争环境中能够表现出色。

当然，要以这种方式来增强应变能力，我们不仅要面对挑战性事件，而且还要有合适的心理工具来帮助我们渡过难关。经验丰富的运动员阿尔维纳·贝盖能够使用一系列的心理工具，比如任务切块、专注于过程目标、重复激励性的自我对话，以完成这些具有挑战性的出乎意料的训练任务。但是，当运动或其他领域出现的状况对我们的能力要求很高，但并未为我们提供同样水平的支持时，如未能教会我们使用这些心理工具去应对这些挑战，这些状况可能会变得冷酷无情。当一个人处于冷酷无情的状况时会表现出以下特征：进行不健康的竞争、嘲笑那些表现不佳的人、不关心幸福感，最终会感觉孤独、有压力、倦怠。相反，当某个状况让我们充分发挥自己的能力，并支持自我发展时，我们就能茁壮成长，并开发我们需要的心理工具，来应对最艰巨的挑战性事件。

贝盖说："作为一名运动员，我学到的一些本领对我帮助很大，让我能够面对现在的困难时期。"她提到了在面对不可控事件时，自己能够保持冷静和坚持，这是她在新型冠状病毒肆虐时期管理印第安纳瓦霍族人社区的关键。她也是家庭的中流砥柱，在疫情大暴发期间，她的父亲中风，被转移到距离印第安纳瓦霍族人社区 3 小时车程的医院。贝盖说："跑步极大地帮助了我，让我具备了处理意外事件的能力。"

意外事件发生后

我们想简短补充一点重要的内容，就是当重大意外发生时，无论是在运动还是日常生活中，我们应该如何做出反应。

如果你看到埃鲁德·基普乔格（Eliud Kipchoge）在 2015 年柏林马拉松赛获胜的照片或视频时，你很可能要先愣一会儿才会恍然大悟其中的道理。基普乔格参加了那场比赛，希望打破当时的世界纪录——2：02：57。基普乔格穿着耐克样品跑鞋参加了比赛。很快，鞋子出了问题。两只鞋的鞋垫都松了，开始往基普乔格的脚背上移动。最后，基普乔格在总长 26.2 英里的比赛中有 20 多英里是在鞋垫处于垂直折弯的状态下完成的。

尽管基普乔格双脚起泡、鲜血淋淋，但他仍然保持冷静和专注。他以 2：04：00 完成了比赛，与世界纪录相差 1 分多钟，但这却是他个人的最好成绩。当然，他对鞋子的问题感到失望，这让他失去了创造世界纪录的机会。但他知道那天自己已经尽了最大的努力，在精神上督促自己继续前进。基普乔格最终打破了世界纪录，在 2018 年柏林奥运会上他的成绩是 2：01：39，然后在接下来的秋天，他以不到 2 小时的成绩跑完了马拉松。这是一个举世瞩目的成绩。（然而，这个少于 2 小时的成绩并没有算作一项世界纪录，因为这次比赛没有遵循与速度和其他援助有关的标准规则。）

北欧滑雪运动员基坎·兰德尔也曾在最糟糕的时刻遇到设备事故。她参加 2014 年冬奥会时，被认为是短距离自由滑雪项目夺冠的热门选手。然而，她甚至没有进入四分之一决赛。

在那场排位赛中，"我的滑雪板有点慢。"她说。这意味着她和团队的技术人员所选的滑雪板不适合比赛当天的雪地，或没有给滑雪板充分上蜡。"我在赛道的顶端领先，我花了很多精力去保持领先，赢得了一点优势。但当我们滑下山进入体育场时，我的滑雪板没有其他人快，那个优势被抹平了。当要冲刺时，我的装备不给力。"

基坎·兰德尔以百分之五秒的差距无缘四分之一决赛。她不得不再等 4 年才能争夺奥运会冠军头衔。

"我已经准备好赢得那枚金牌了。"她说,"我知道我有这个能力,但我也知道这是一场滑雪比赛,任何意外都可能会发生。我知道那天我尽了最大的努力。我仍然可以带着美好的感觉离开,并且知道虽然我没有赢得奖牌,但是它并不能完全定义我的能力或者我的职业生涯。"

精英运动员们通常非常擅长保持镇静,根据第 3 章的介绍,他们关注的是可控的行为,他们不会把精力浪费在他们无法施加影响的事情上。正如我们在第 6 章中所看到的,梅布·科弗雷兹基告诉自己,他一生中最糟糕的马拉松比赛是因为小腿肚抽筋,那么为什么要因为结果糟糕而痛扁自己呢?如同基普乔格和兰德尔一样,他用这段经历作为灵感,来激励自己为将来的比赛做准备。5 个月后,梅布·科弗雷兹基成为波士顿马拉松赛的冠军。

有时候,你无法完成那些你知道你有能力去做的事儿,可能是因为天气,可能是因为设备故障,也可能是因为老板很糟糕或同事不给力,还有可能是许多其他因素。如果你能像兰德尔一样在离开时告诉自己你已经尽力了,这就是一场胜利。

别动气

在 1999 年赢得 1500 米比赛的美国冠军头衔后,史蒂夫·霍尔曼举起双臂,把头向后仰了仰,这个动作包含了欢欣、感激和释然。如果你只看霍尔曼在相关领域的简历,你可能会觉得这有点夸张。他曾经以 3 分 50 秒跑完英里赛,而他的大多数竞争对手的成绩都在

3 分 57 秒到 3 分 59 秒，这在顶尖跑步赛事中是很重大的差距。史蒂夫·霍尔曼在 1500 米比赛中曾经有两次排名世界前五。（1500 米比 1 英里少 109 米，是国际赛事中"英里赛"长跑选手们的比赛距离）。那一天，他面对的很多竞争选手仅属于国家级的而不是世界级的。

　　然而，那些熟悉他的职业生涯的人，非常理解史蒂夫·霍尔曼在赛后的欢欣鼓舞。你是否还记得我们在第 7 章中介绍过，霍尔曼刚从大学毕业就被赋予了"下一个伟大的英里赛跑王"所感受到的压力。他确实很伟大，在大多数时候。在 20 世纪 90 年代，没有一个美国人能在 1500 米和 1 英里的长跑比赛中跑得比他快。他在欧洲举办的世界级以跑步速度为目标的竞技赛中也表现出色。

　　"那些比赛很像训练。"史蒂夫·霍尔曼说，"我知道领跑队伍会在什么时间跑完第一圈和跑完 800 米。然后，我看着地面粗略估计一下我在这群人中的位置。那对我来说很简单，我可以锁定目标并专注于下一个 400 米分道，并判断自己在比赛中是否处于正确的位置。我会全神贯注地对待这项任务。我会让大脑停止思考。只是出于本能和直觉，让我的身体做那些平时训练的事。我的身体就像在自动驾驶仪上运行。"

　　史蒂夫·霍尔曼著名的奋战目标是获得全美冠军，比赛终点要比时间更加意义重大。在这些锦标赛中排名前三的选手会入选美国队去参加世界锦标赛或奥运会（每四年一次）。在这些比赛中，运动员们往往起步相对较慢，在比赛中调整位置，最后疯狂冲刺以争夺前三名的位置。通常这种比赛获胜的时间明显比史蒂夫·霍尔曼的跑步速度慢。

在 1992 年以奥运会选拔赛第二名的成绩开启职业生涯后，史蒂夫·霍尔曼在接下来的全美锦标赛中的表现尽管有所改进但是一直欠佳。伤病使他无法参加 1993 年的全美比赛。1994 年，他没能进入决赛，但是不太担心结果，因为他生病了，而且那一年既没有世界锦标赛也没有奥运会。

1995 年，他的状态真的开始成了问题。在那一年，他以世界第五的排名参加了全美比赛，他感觉比以往任何时候都好，但他最终排名第五。

"我犯的错误是，我想得太多了。"他说。"我会想每一件可能出错的事情。这就像是患有饮食失调的人，他们并不十分了解自己。我当时的状态令人难以置信，但我对任何非常态的小事都非常敏感，任何类似的事情都可能让我发狂。"

"我记得在比赛时感觉不好，而且在我的脑海里一直想着这件事儿。我没有让身体处于自然而然的状态，做它应该做的。我过度关注我感觉到的疲劳程度，这影响了我的自信。在我脑子里一直有一个声音在说'不应该这样的'。"他说。

在 1996 年的奥运会选拔赛中，霍尔曼感觉自己被困在过去的经历里了。媒体和粉丝（还有一些不那么友好的比赛对手）公开谈论他在全美锦标赛中表现欠佳。"在锦标赛开始的前几个月里，每当我想到那个比赛日期，我就会充满恐惧感。"霍尔曼说。

观众有理由认为他已经克服了他过去的经历。他在四分之一决赛中的最后半圈以超乎寻常的速度赢得了那场比赛。"我觉得这看起来很酷。"霍尔曼笑着说，"这有点像是想让每个人都知道我能做到，甚至是向自己证明我可以那样跑。"此外，他还在半决赛中胜出。

"我在那场比赛中感觉很棒。"霍尔曼说,"我没有那种进入决赛时的负担。"

像大多数锦标赛一样,决赛开始时跑速都很慢。"我记得我对自己说,'我在以这个速度跑步时的感觉要比应有的感觉更糟。'我想'跑得这么慢就让我感觉这么糟糕,那么真正发力跑开始时,我能跟上他们吗?'"

答案是:没有跟上。霍尔曼在还有半圈时排在第三位,他没有像跑在前面的运动员那样最后加速冲刺。他的步幅也跟不上那些在他周围晃来晃去并超越他的人。他从第 3 名,到第 5 名,再到第 7 名。当其他人甩开他向前跑时,他看起来像是在向后跑。当他最终到达终点时,他排在第 13 名,倒数第二。

"从'啊哦'到'哦,我的天啊!'再到惭愧和丢脸。"霍尔曼说,"在开始落后时,惭愧和丢脸的感受开始渗入我的心坎儿。这几乎像是一场自我实现的预言,就像我希望发生让我最担心发生的事情一样。最后我会说,'嗯,你是对的。'"

这并不是说霍尔曼没有预料到意外状况的发生(这是霍尔曼在尝试打破 15 公里纪录时所遭受的困扰)。相反,他知道会有意外,而且他任凭自己的焦虑来妨碍他实现自己有能力做到的事情。

"引发这种不管你怎么称呼的状况的导火索是,在锦标赛中有更多的不确定因素。"他说,"你不知道会发生什么,而且成败的利害关系也更重大。我太专注于这些事情了,不能控制我的想法去全神贯注地投入到比赛中来。"

"当人们说我战术糟糕时,我总是感到不安。事实并非如此。我知道从战术上该怎么做。如果我的心态正确,我本可以做到的。更重要的是，我无法不胡思乱想，无法让自己处于执行策略的状态。"

　　用你在本书中学到的心理工具，你已经能为霍尔曼的困境寻找一些解决方案。分析和管理不确定性的方法，无论是在运动还是日常生活中，就是要关注我们最能控制的状况。如果你的解决方案是这样的话，那么你完全正确。当面对潜在的让人有压力的事件时，就像奥运会预选赛一样，那些更关注他们所能控制的因素的人，通常能更有效地应对所处状况。

　　在第3章中，我们介绍了一个控制映射练习。这有助于你弄清楚哪些情况处于可控范围，以及哪些情况超出了你的控制范围。但就像本书中的每一个心理工具一样，你需要通过实践才能掌握它们。我们遇到每一种状况时，都要考虑许多不同的因素。通过使用此类工具，你可能会发现你能控制的事情比你意识到的要多。要记住史蒂夫·霍尔曼的奥运会选拔赛经历，让我们以此为鉴。

　　最容易想到的可能是你无法控制的东西。例如，你无法控制媒体、粉丝或对手在比赛前对你的评价。所以，忽略这些可能是个好主意。你也不能控制比赛的重要性，正如我们在第1章中所看到的，关注事件的结果，比如你是否获得了奥运会参赛资格，将会让人感到更加焦虑。最后，就意外本身的定义而言，你也无法控制"意外"的发生。所以，担心是否会发生意外就是在浪费时间和精力。相反，你可以为这些状况制订计划，重点关注如何做出回应。这很重要，因为当你专注于可控的反应时，不可控的意外就变得不那么重要了。

　　思考你无法控制的事情可能会让你能够控制的事情凸显出来。当你处于一种潜在的紧张状态时，通过使用诸如深呼吸和情绪着陆技术之类的心理工具（请参阅第2章），重新评估所处状况，重新评估你的想法和情绪反应（把"焦虑"重新定义为"兴奋"），并保持在当下时刻（请参阅第 3 章），你就可以控制你的想法和感受。你可以改变你的观点，把这个事件不再看作是一种威胁，而是一种挑战。换句话说，通过运用正确的心理工具，你可以改变你的心理状态，从而对你的想法和感受产生影响。在模拟压力下练习，训练自己冷静和沉着应对，你就能创建一个反应模型，指导你在高压情况下如何应对意外事件。

但即使有一个有效的心理工具、翔实的计划和充分的准备，也还是要记住意外可能会发生。在应对这些意外时，可以采用任何有效策略。接受意外会发生，对管理我们的心态很重要。有时采取"去他的"的态度，就像自我诊断为忧思过度的史蒂夫·科尔在 NBA 职业生涯中所做的那样，能有效地克服那些没完没了的令人衰弱的思想和毫无关系的胡思乱想。

在经历了 1996 年奥运会选拔赛的灾难性结果之后，霍尔曼开始向运动心理学家问诊。当时使用的术语与今天略有不同，但霍尔曼所做的咨询大部分是关于当前的建议。

"我不需要为大型比赛而激动，我已经到了过度刺激的一端。"霍尔曼说。"我需要的是相反的状态。所以，我要做的一件事就是管理普遍存在的焦虑，通过使用冥想技巧、深呼吸练习，学习如何让自己平静下来。"

霍尔曼还专注于管理消极思想。"当出现负面情绪时，要费很大力气来重新组织你的想法。你如何阻止负面情绪并用一个积极的想法来代替它呢？"他问。霍尔曼还进行了大量的与之相关的想象练习，在他的脑海中体验重大比赛，并用积极经验作为反应模型。

　　"我会想象我在欧洲的一场比赛中发挥出色，或者在一次训练中表现很棒。"霍尔曼说，"我会思考我的心理感受和当时的想法，试着在我的脑海里找到那种感觉。然后，我会想一个即将到来的锦标赛，尝试获得相同的心态，并把这种心态用于那场比赛。我既放松了自己，又创造了一个参加比赛的积极心态。"

　　"在1999年的锦标赛中，我感觉自己战胜了它。"

　　任何一个了解霍尔曼职业生涯的人都不会对此表示异议。

第 10 章

感知努力奋斗和坚韧不拔

当事情的难度超过预期时怎么办

让我们回想一下在体育锻炼时或工作中顺风顺水的感觉。你感觉到一种掌控感，你的身体和心理能力完全符合当前状况的要求。在第 3 章中，我们曾见过这些可以产生心流体验的"全神贯注"时刻。

现在回想一下过去几周的训练或工作。大多数可能是我们所说的"还行"的日子，你并没有处处表现得激情四射。你可能用了本书的一些心理工具以让自己前进，且所遇状况也并不过分困难。这些"还行"的日子正是我们在第 8 章中所讲述的，当时我们讨论了一种朝着你的目标前进的方法：回想以前那些日子，虽然没有感觉特别意气风发，但仍坚持每天完成手头的任务，而且做得也还行。

现在想想那些真正艰难的日子。并非出于明显的原因，在锻炼时你很难达到自己通常的速度或距离，或者一些典型的工作任务需要你比平常更专注，但是结果却更糟。从其概念上说，你一定不会每天都面对这种状况（如果你每天都是这样，那就要重新思考一下"正常"的概念了！）虽然艰难状况的频率不高，但这并不会让这些日子变得更容易。在本章中，我们将介绍几种心理工具，以便你了解当事情的难度超过预期时如何继续前行。

改变标准

2014 年，梅布·科弗雷兹基在休斯敦半程马拉松赛中表现之好让人意外。他参加比赛的原因之一是向其跑鞋赞助商斯凯奇履行合同义务。斯凯奇也是这次活动的主要赞助商。梅布·科弗雷兹基最终以 1∶01∶23 的成绩获得了全美半程马拉松赛冠军，仅比他 5 年来的个人最高纪录慢了 23 秒。就连一向乐观的梅布·科弗雷兹基，也对自己在马拉松最慢纪录 2 个月后表现如此强劲感到惊讶。当离开休斯敦奔赴他的最后一战——波士顿马拉松赛时，他斗志昂扬。

梅布·科弗雷兹基虽然胸怀远大但也脚踏实地。在 4 月份波士顿马拉松赛的几周之后他就 39 岁了。他的身体，没有像 5 年前他赢得纽约市马拉松赛时那样从长距离跑步和艰苦训练中恢复过来，更不能与 10 年前相比，当时他在奥运会马拉松赛中排名第二。他在备战波士顿马拉松时所做的一个重大调整就是把训练周期从 7 天改为 9 天。梅布·科弗雷兹基每周的训练日程不再只是由一个长距离跑和两次高难度训练的组合，而是在这些关键训练环节后安排两天低难度的恢复性跑步训练。

但是，就像任何一个快 40 岁却还刻苦训练的人一样，可以预见的是，梅布·科弗雷兹基在许多日子里会觉得训练很难，而且随着训练难度的不确定性增加，让他感觉难上加难。例如，他会以跑半马的速度进行一系列的 1 英里折返跑，而他从开始到结束都处于挣扎状态。作为一名善于在压力下激励自己的大师，梅布·科弗雷兹基在他的自传《凡人梅布》（*Meb for Mortals*）中描述了他处理这些状况的方法：

> 如果我在重复 1 英里跑，每次我的跑步速度都有些慢，我会关注我跑步的平均速度。所以我会去想，"如果我开始跑 4 分 35 秒，然后跑 4 分 38 秒，然后跑 4 分 41 秒，这只会让情况越来越糟。"我会告诉自己，"你的平均成绩是 4 分 38 秒。现在你如何能更接近这个平均成绩呢？"[1]

梅布·科弗雷兹基在设定目标时采用的灵活方法听起来可能感到很熟悉。它还强调了开放式目标的好处，这在第 1 章中介绍过（"我到底能有多棒"）。当事情的难度超过预期时，让你的目标适应当前的现实状况是一个重要策略。2016 年，从世界级划艇比赛退役后，布莱恩娜·斯塔布斯成为一个颇有战绩的三人组选手，两次获得世界铁人锦标赛半决赛资格。在新的运动项目中，她主要靠自己锻炼身体，而不是团队训练，后者占据了她大部分划艇生涯。作为位于旧金山北部的巴克老龄化研究所的首席科学家，她还要全职负责培训工作。这也就是说，斯塔布斯经常激励自己面对那些难度高于预期的事件。

"有一件事确实帮助了我，我知道这个比喻听起来有些愚蠢。如

果你在 1 天中有 10 件事要做，但你只能做 3 件事，那么你就让自己
这一天只做这 3 件事，并且要做成。"她说，"就像是与这样一个事
实讲和：你不可能总处于百分之百的状态，依据你所具有的能量水
平和所处的条件，尽力而为。"

斯塔布斯认为，这一策略不仅适用于任何特定的一天，而且还
有助于未来的成功。"我从未停止过艰苦的锻炼。"她说，"我想这
是一个危险的习惯，因为一旦人们开始放松要求，再这样做就会变
得很难。我觉得最好重新界定事件，要有完成了 3 件事那么就是本
来要做这 3 件事，完成了 7 件事那么就是本来要做这 7 件事的心态。
因此，如果我这一天觉得骑自行车很难，我会想，'我现在没法保持
200 瓦的功率，所以我要尽我所能地保持 185 瓦的功率。'要能够快
速调整目标，让你保持继续工作的状态和前进的动力。"

通过自我对话来把任务切块

当感觉任务比预想得更困难时，是搭配使用本书前面章节中提
到的心理工具的黄金时机，比如第 1 章的任务切块和第 4 章的激励
性自我对话。任务切块意味着将一项看似难以完成的任务分解为更
小、可管理的单位，并且一次只关注其中一个单位。以下是奥运会
滑雪冠军基坎·兰德尔对她同时使用这两种技术的描述：

"对我有益的事情之一是我会快速设定目标，让我专注于当下这
一时刻。"她说，"这就像你参加 30 公里滑雪赛，你在 1 公里的地方
速度很快，反而让你感觉特别难。你会说，'我怎么能保持这种状
态？'这时你应该说，'好吧，别一下子想到 30 公里。让我们想一想

在接下来的 1 公里怎么滑。让我们看看你能不能和这群人一起坚持到 5 公里标志点。'或者应该说,'看那儿就是山顶,让我们滑到那儿去。'然后,当你滑到山顶时,你会想到下一件要做的事。这么做真的威力巨大,能让我在这种较长的时间或距离中思考一些小事情,从而集中注意力。"

基坎·兰德尔还把自我对话与其他重要的心理工具结合起来使用,比如重新评估(请参阅第 2 章)和正念接受(请参阅第 3 章),让她从一个可能让人无能为力的状况中找到一些可控的事情。

"你脑子里的每一个想法,你都可以选择如何去承认它。"她说,"承认每一个想法,这很重要,但我们的人性倾向于关注那些消极因素。比如,'哦,伙计,这个速度太快了!''哦,天哪,这些竞争对手看起来真的很厉害!'或者'哦,天哪,今天的条件真糟糕。'"

"承认这一想法,但始终尝试朝着积极的方向去重新构建它。比如,'是的,我的竞争对手看上去很厉害,但你以前和他们在一起比赛过,你已经准备充分,你已经准备好这场比赛了。''好吧,他们比你更出色,让我们看看和他们保持同步是什么感觉,感受一下那种节奏。'或者'今天天气状况非常糟糕。幸好你两周前曾在这些恶劣状况下训练过,现在你已经准备好面对今天比赛中的各种情况了'。"

正如我们在第 4 章中所看到的,在这些情境中,称呼自己为"你"而不是"我"往往更有效("你在和谁对话")。兰德尔提到过她的自我对话,"我会扮演第三者啦啦队的角色。它在指导我、鼓励我。这就像是大脑在承认这个想法就是我,然后有一个消极的声音想成为黛比·唐纳(Debbie Downer)。然后,会有另一种声音说,

'不，不，你可以做到的，你已经准备好了。'"

回想你过去的掌控感

请注意，兰德尔在重塑自我谈话中提醒自己以前克服过类似的坏天气。当事情发展得比预想得更困难时，回忆以前普遍存在或至少曾经存在的那些事件可以成为一个强大的心理工具。

2014 年，在波士顿马拉松赛中，梅布·科弗雷兹基利用了这些回忆。在他之前的 18 次马拉松赛中，他曾尽可能地领跑或追跑。这样做有助于他保持体力和心理能量，并且在精神上尽可能地保持斗志昂扬。（在马拉松比赛中，如果你让 10 名世界级的长跑运动员遥遥领先，你是不可能获胜的。）但那一年波士顿马拉松赛的情况不同了。在 5 英里处，科弗雷兹基冲力强劲，让他以微弱的优势领先。他意识到赛场上那 14 个最好成绩要更快的跑马运动员们正在试图降低起步节奏。梅布·科弗雷兹基总是在快跑中得到激励，而且跑得越快他的目标也就越高。他觉得自己那天能够提高自己的个人纪录，不想浪费这个机会。因此，他没有让自己放松以龟缩在队伍中，而是继续向前冲。另一名跑马选手约瑟法特·博伊特（Josphat Boit）和他一起发力，但在几英里后被甩掉了。到了 10 英里的地方，科弗雷兹基是唯一的领军人物。而就在这一天，一年前的炸弹袭击案使得这场比赛受到了前所未有的关注。他还有 16 英里的路要跑。

他没有想，"我从来没有遇到过这种情况，我该怎么办？"科弗雷兹基想到了他的训练。他在前几年几乎都是一个人跑完全程。他告诉自己，他已经习惯了独自以马拉松比赛配速跑 10 英里或 15 英里。既然他可以独自完成这些挑战性的训练，那他现在肯定也可以继续跑完这场他一生中最重要的比赛。

正如我们在第 5 章中所学到的，回忆过去的这些时刻会对我们的信念产生强大的影响，会让我们以最佳状况完成自己需要做的事情。我们以前的成就是增强自信的最大动力。

此外，我们如何看待过去的成就也很重要。如果科弗雷兹基认为他能保持他的比赛配速训练，只是因为他跟在一个训练搭档的后面或者他每次跑步都是在双腿得到充分休息的基础上，那么回忆他过去的成就不会在波士顿那些充满疑问的时刻对他的自信有太大的改变。然而，他把这些训练归因于他自己的努力工作，而且认为尽管训练计划繁重让他感到疲劳，他还是保持了马拉松比赛的速度，这些想法为他提供了动力，使他自信能够跑完比赛的最后 16 英里。

梅布·科弗雷兹基、基坎·兰德尔和布莱恩娜·斯塔布斯使用的策略也揭示了第 3 章中介绍的"全神贯注"的不同状态。达到巅峰表现的运动员并不总是处于心流状态。有时，当比赛结果悬而未决时，运动员需要让自己表现出最佳状态。要超常发挥，就要靠运动员有意识地努力实现目标，并通过使用最能满足他们当下需求的心理工具。正如梅布·科弗雷兹基、基坎·兰德尔和布莱恩娜·斯塔布斯所强调的，这些心理工具包括设定有效目标、正念接受、重新评估、激励性自我对话和借助前期的成就提升自信。

运动员会借鉴在运动上获得的掌控力，帮助自己度过在体育运动领域以外的艰难时期。基坎·兰德尔在她乳腺癌化疗的漫长几周里，所依靠的精神支柱就是她参加的那些滑雪比赛的日子。

"在非常艰难的日子里，当我感觉不好的时候，"她说，"我试着提醒自己，所有那些我在滑雪比赛、经历疾病、受伤时的感受，那些日子感觉多么漫长，但是我希望明天会更好。我知道总有一天我会感觉更好一点，我是自己的啦啦队队长。提醒自己这一点，提醒自己以一天为目标渡过难关。"

改变你的看法

牛顿山消防站位于离波士顿马拉松赛 17 英里指示牌稍过一点的地方。这是马拉松赛道的最后一个转弯处，直到最后 1 英里。在 2014 年的马拉松赛中，梅布·科弗雷兹基在此转弯后往后看了很久，他看不到其他跑马者。他在 45 分钟前的领先优势扩大了。他不知道自己的领先优势到底有多大，而第二梯队的跑马者也不知道他领先了多远。梅布·科弗雷兹基决定在接下来的 4 英里继续努力跑过著名的牛顿山，以让自己远离第二梯队视野，不给后面的跑马者追赶自己的机会。

在跑马当天，牛顿山的路面上通常会点缀一些临时的激励性口号，比如，"你做到了！"在 2014 年的马拉松赛上，"波士顿挺住！"等一些标语在赛道上沿途可见。虽然梅布·科弗雷兹基非常专注于执行自己的比赛策略，他还是注意到了当年出现的那些特别信息。他没有把这些信息看作是于事无补的让他分散注意力的东西，相反，他从中获得了力量，就像他在比赛号码牌上写下了在波士顿爆炸案中遇难的四位跑马者的名字一样。这些线索提醒他，这不仅仅是一场普普通通的马拉松比赛。他想要取得这场比赛的胜利，想要把马拉松运动从去年的恐怖阴影中挽救回来。

　　一向知识渊博的波士顿人知道梅布·科弗雷兹基追求成功的意义。通过号码牌能够看到梅布的名字，从他跑上并翻过牛顿山，人们一路为他加油。梅布·科弗雷兹基并没有忽视喧闹的人群，而且充分利用了他们的鼓舞。"美国！美国！"的呐喊声，支撑着他作为一个美国人获胜的决心。科弗雷兹基有时会向观众竖起大拇指或以握拳轻击的方式表示感谢。一位生物力学工程师可能会告诉科弗雷兹基不要把精力浪费在这些姿态上。然而，运动心理学家可能已经意识到科弗雷兹基知道他在做什么。

　　科弗雷兹基在从人群中汲取精神力量，并从他们的激励中获益，这证明有两个最重要的变量会影响耐力运动员的表现。

　　耐力运动的限制因素之一是我们所感知到的一项运动的难度。我们通常会坚持下去，一直到任务太难让我们不愿意再继续推进为止。

　　有两种策略可以改变这个临界点，从而改变我们的表现。

　　一是提高我们的动机水平，或者更准确地说是提高我们动机的质量。这样做，可以增加我们愿意推进的力度。当我们做某事的目的是期待获得奖牌之类的奖励，或者如果我们不这样做就会感到内疚。这是较弱的动机形式。而高质量的动机来自于我们的内驱力，那些任务本质上很有趣且令人愉快、对我们个人很重要或者是基于我们的价值观。[2]后一种动力解释了为什么许多人会跑马拉松、从事慈善事业或者给慈善机构捐钱。[3]为帮助他人改善生活而付出努力，对我们来说是一个强大的动机。

　　提醒我们为什么要做某事也很重要。对于梅布·科弗雷兹基来说，成为 1983 年开赛以来波士顿马拉松比赛中第一个获胜的美国人，并且在爆炸案发生的第二年获得马拉松冠军，是他人生中最有意义的事业目标。在比赛的关键阶段，那些沿途的"波士顿挺住！"的标语充分提醒了人们参加这次马拉松比赛的意义。

二是通过运用心理工具让人感觉任务很轻松，从而提高我们的努力意愿。在第3章和第4章中，我们探讨了许多心理工具。它们包括分散我们对活动的注意力（请参阅第3章）而不是过分关注身体的感觉，比如肌肉酸痛或呼吸频率；使用激励性和挑战性的自我对话（请参阅第4章）也可以让人感到耐力任务更轻松，从而提高表现水平。鉴于此，很容易想象，喧闹的波士顿人群不仅提升了梅布·科弗雷兹基跑马的意义，而且激发了他的斗志，完成了困难重重的牛顿山的一段路程。

工作中的运动员

研究还表明，虽然运动员和久坐不动的人们有相似的痛阈，但运动员在疼痛耐受性测试中的得分更高。也就是说，如果运动员和久坐不动的人共同参加一项研究，把一只手浸入冰水中，两组人说他们感受到刺痛的时间差不多，这就是痛阈；但从他们的手感到刺痛开始，运动员的手能够待在冰水里的时间要显著长于久坐不动的人，这就是疼痛耐受性。

至少有一项研究表明，运动员的耐受力并非与生俱来的，也不能作为解释他们为什么成为运动员。研究人员从一组久坐的人们中选取一半的人进行适度运动，即每周三次的30分钟自行车骑行训练。在训练结束时，这些新运动员的疼痛耐受力比研究开始时要强，而那些没有参加训练的久坐不动的人的耐受力没有变化。似乎定期锻炼能够培养我们忍受不适的能力，这种能力甚至能让我们更加适应那些在训练中没有遇到过的状况。

这些关于疼痛阈值和疼痛耐受性的研究发现与心理学研究结果吻合。这里的疼痛不是身体的疼痛而是心理的紧张。运动员会定期体验如何在不适中坚持，以达到目标。他们在渡过困难时期时所用的心理工具，也可以在其他环境中使用，包括工作场所。也许运动员们所使用的心理工具要远远多于那些久坐不动的人们。

这正是史蒂夫·霍尔曼和布莱恩娜·斯塔布斯在刚结束体育生涯时所观察的结果。在青春期和成年的大部分时光里，两人都被其他世界级的运动员所包围。两人在进入"现实世界"后都很快担任了领导角色。两人都发现，尝试利用在运动中收获的心理工具，会让自己和他们管理的员工度过工作中的艰难期。

"现在在商业中使用的术语是'成长型思维'。"霍尔曼说，"运动员们已经具有这种思维很多年了，但是我们那时没有这种叫法。要取得卓越的成就，最佳方法就是尽可能地专注于你能做到的事情，而不是一味地纠结于那些错误或你不能做到的事情。你必须要有卓绝的创造力和足够的资源，相信你能实现你所设定的任何目标、解决任何问题。"

"作为一名领导者，我觉得这种思维方式对我帮助很大。因为如果有什么事情搞砸了，我不认为'这是一场灾难'，我不需要指指点点的批评，我也不需要辩解让人们认为这不是我的错。相反，我马上想到的是'哪些是我们所能控制的？我们有希望找到解决方案吗？我们如何解决这个问题呢？'"

"我的确认为这与运动员的心态有关。如果你说，'我要进入奥运会代表团'，这只是一个大胆、离奇的说法。你必须有一些乐观和自信的资源库，让你相信你真的能做到。我想在工作中也一样，'是的，我们遇到了一些挑战，但方法总比困难多'。"

斯塔布斯说，"你是通过体育运动学到这个本领的，没有什么事情是一直完美的。你会知道，生活中有起有伏、有受伤，以及令人眼花缭乱的高点。你要全心全意地接受生活中的起伏，才能经历生活中最棒的体验。在现实世界中，你必须允许人们的状态有高有低，而不仅仅一直都是'中等'状态。"

从职业运动员退役后的 20 年里，霍尔曼仍在大多数日子里坚持跑步或骑车。他说："我觉得我比普通的上班族应变能力更好。作为一名运动员，你必须要有应变能力。你不会每一场比赛都赢，你并不总是会成功，你会经历一些艰难的日子。你必须能够把那些困难甩在身后，专注于你下一步需要做的事情。"

应对困难时刻的结束语

我们希望你能从本书中学到的一个重要本领就是——你能像运动员一样思考。经常在心里进行训练会让你能够调动的心理资源越来越多，就像在健身房锻炼可以强健体魄一样。正如基坎·兰德尔所说，几十年来她一直坚持积极地自我对话，"我发现，通过练习我更擅长进行自我对话了，而且这项技能让我在应对生活中的各种状况时可以获得助力。"

正如我们所看到的，基坎·兰德尔之所以能在滑雪上取得成就，究其原因在于她对这些心理工具的掌握。然后，她把它们成功地应用到她接受的侵袭性乳腺癌的治疗上，让自己更好地驾驭了这个挑战。当然，抗击癌症比体育成就要重要得多。撇开在最艰难的日子里努力尝试的细节不谈，我们所能掌握的是兰德尔在治疗癌症时所采用的心理工具。

"很多事情并不总是按照你的方式进行。"她说，"你不知道会发生什么，所以只有尽你所能做到最好。为什么不去设想一切顺利呢？你最好能挺过那些困苦的日子，而不是说'我的天啊，癌症又回来了，我可能活不了了。'"

"你唯一可以选择的就是你的心态，而我认为一个人的心态真的很强大。"

第 11 章

迈开要停下的脚步

当想要放弃时如何继续前进

　　凯里大道极限跑是在爱尔兰举行的一个路程最长、最难完成的长跑赛事。参与者在某个星期五的早上六点出发，将要完成一个 120 英里长的连续赛道，其中有近 5639 米长的上坡路，还要穿过巷道、小径、森林以及泥泞的山口。该线路与爱尔兰风景如画的凯里环道平行。

　　要获得参赛资格，申请者必须至少跑过两场马拉松赛，或者在前一年跑过一次 50 英里路程的长跑赛。诺埃尔曾经参加过 2012 年撒哈拉沙漠马拉松赛和 2013 年爱尔兰 24 小时冠军赛。2014 年，他申请参加凯里大道极限跑，并确信他的这些前期经历会帮助他应对任何比赛，更不用提他的职业生涯让他获得的对运动员成功之道的洞察力。然而，情况并非如此。

　　几年后，诺埃尔仍然认为这次极限跑是他一生中所经历的最艰难的一次赛事。在这场比赛中，他有很多次想弃赛的冲动，而这对他来说是罕见的。他并不是唯一一个有弃赛想法的人。在凯里大道极限跑开始的头 8 年中，有 47% 的参与者弃赛，在他们的名字旁边标有 DNF 字样（DNF 是一个跑步术语，表示"未完成"）。

对诺埃尔来说，他在比赛期间想弃赛的原因有很多。第一次想要弃赛是在跑步 6 小时后，他感到一阵恶心和胃痉挛，这是比赛前几天的遗留问题。赛前，患有谷蛋白不耐症的诺埃尔在无意中吃了一些混有谷蛋白的食物。虽然症状轻微，但足以影响他在比赛当天整个赛程中的营养供给。随着温度升高，诺埃尔内心有一个低沉的声音温柔地说："继续跑下去会有危险吧！"

但是，诺埃尔以前也听到过这种声音。他提醒自己他可以做到这一点（请参阅第 4 章的"自我对话"），他在参加那种路途长得漫无边际的比赛时（请参阅第 5 章的"我们以前的成就"）就曾听到过这种声音。在穿越一些风景如画的地方时，诺埃尔故意将注意力集中在这些美景上（请参阅第 3 章的"分散注意力的示例"），这让他能够保持冷静，在心理上度过了这段时间，让他把注意力从越来越严重的身体痛苦上转移开来。

第二次想要弃赛的冲动更强烈。那是在比赛路程过半之后，他正跑在那条蜿蜒曲折通往沃特维尔的海滨村庄的山路上。对于诺埃尔来说，在 14 个小时跑了 60 英里后，他感到身心疲惫。夜晚即将来临，而前方还有 60 英里要跑，这种景象令人望而生畏。随着夜幕降临，诺埃尔内心的声音变得越来越响亮："我现在真的应该睡觉了，我不想下一个星期都感到很疲惫。最好现在就停下来。我跑这么远已经很好了！"

如果诺埃尔的说法可信的话，这种声音他听了好一会儿！幸运

的是，诺埃尔的父母决定来村庄里和他见面，他们带来了可乐、水
果、酸奶和替换的跑鞋。他们在村庄中心广场上的长凳上坐了一会
儿，附近有一尊雕像，长凳正好被雕像的阴影笼罩着。这尊雕塑是
诺埃尔童年时期的运动英雄，前盖尔足球队队员兼教练米克·奥德
怀尔（Mick O'Dwyer）。这个小憩来得很及时，一些食物补给和与父
母的交谈分散了他的注意力，让他想弃赛的想法得以缓解。

在休息站，诺埃尔也有机会在脑海中与自己的想法聊一聊，不
是去压抑而是去表达自己的感受（请参阅第 2 章的"怎样调节自己
的情绪"）。这有助于增强他的决心，并提醒自己"你可以做到"
（请参阅第 4 章的"你在和谁对话?"）。他决定勇敢前进，至少到达
下一个补给站!（请参阅第 1 章的"任务切块"）

当夜，弃赛的想法还会偶尔出现。比赛开始 20 小时之后，凌晨
2 点刚过，那是一个令人难忘的时刻。由于赛前计划不周，诺埃尔在
跑到俯瞰斯内姆村的路线上时，他的前照灯的电池没电了。该位置
离他的兄弟的住所不远。诺埃尔感到疲倦和痛苦，他只能通过手机
微弱的光束照亮。这时，诺埃尔听到了自己内心深处的声音开始喊
叫起来："现在已经是深夜了，我觉得现在的我真可怜，这简直是疯
了! 你在这漆黑的山上干什么呢? 也许你应该打电话给你的兄弟，
让他开车来接你!"

但是，就在这座山上，就在漆黑的深夜里，奇怪的事情发生了。
诺埃尔撞上了（既是一种比喻，也表达了一种事实）1991 年世界山
地跑冠军约翰·勒尼汉（John Lenihan）。后者从黑暗中出现，手里
拿着一支笔和一只带夹子的写字板，把跑过的参与者们的名字勾掉，
以确保他们安全地离开了山区。"我感到痛苦"的想法被抛到脑后，

取而代之的是"哇，那是约翰·勒尼汉！他已经准备好要一整晚都在这座山上待着，以确保每个人都能平安回家。也许你应该继续跑下去！"

不久之后，诺埃尔的情绪又一次得到振奋。当他正准备进入村子时，碰到了手里拿着备用电池的兄弟。他兄弟给他打气，他妻子也打电话过来给他鼓劲，诺埃尔消除了忧郁，获得了继续跑下去的动力。正如我们在第 2 章中了解到的，反思我们生活中积极的事情，比如家人为我们所做的事情，表达对他们的感激之情，可以让我们感觉更好（请参阅第 2 章的"写下你的感受"和表达感恩的技巧）。在诺埃尔自己有些茫然的时候，这些力量让他能够继续前进。

尽管有了这些积极的时刻，然而在最后的 13 个小时，诺埃尔拖着沉重的步伐，感觉异常的艰难。就在黎明时分后，诺埃尔把双手放在膝盖上想休息片刻，他几乎在这个林地小路上睡着了。但是，他不断地提醒自己"我能行"（请参阅第 4 章的"自我对话"）以及"这次也会挺过去"（请参阅第 2 章的"重新评估策略"）。他承认自己确实想停下来，但他采取了正念接受的态度，认为在比赛的这个时刻这些想法是不可避免（请参阅第 3 章的"专注于当下"），诺埃尔克服了每一个自我怀疑的时刻。

诺埃尔最终以 33 小时 47 分钟完成了比赛。在这次比赛中，他用了本书的每一个技巧，最终到达了终点。

战胜"未完成"的欲望

想要退赛通常发生在艰巨任务的后半程，这时精神和身体上的胁迫似乎无处不在，让我们千疮百孔。从头到尾地阅读本书，你将会找到一些克服这种冲动的方法。

也许最重要的一点是要记住：几乎每个人在某个时刻都会有退出的想法。有这些想法并不会让你成为一个软弱的人或一个失败的人。作为一名职业选手，梅布·科弗雷兹基参加了 26 场马拉松比赛，每一场比赛他都曾想退出，包括他赢了的那三场比赛！

而他真正地退赛只有一次，那是在 2007 年伦敦马拉松赛。当时他的右跟腱剧烈疼痛，让他不得不在 14 英里处开始急剧减速。梅布·科弗雷兹基推断，在受伤的状况下再跑 12 英里可能会产生长期损伤，而他即便完成比赛，成绩也注定会很糟糕，这样做似乎不合理。因此，他在跑到第 16 英里时离开了跑道。

在另外 25 次职业马拉松比赛中，梅布·科弗雷兹基都征服了退赛的欲望。他之所以能成功地做到这一点，要归功于两点经验。第一，他知道这种退赛的冲动会来的，所以当它来的时候，他并不感到惊讶。他制订了一个对付它的计划。第二，每次的坚持都让他获得了自信，让他学会了如何帮助自己在下一次马拉松赛中驾驭同样的想法。

梅布·科弗雷兹基和其他的成功运动员们所使用的让他们继续比赛的心理工具，与我们本书前几章推荐的工具相似。我们的目标是当我们所遇状况的难度超过它本身应有的难度时，不要减少自己的努力。当然，弃赛是减少努力行为的终极选择。当使用这些心理工具来让自己迈开想要停下的脚步时，你可以采用不同的方式来使用这些心理工具。

正如诺埃尔在 2014 年凯里大道极限赛的经历所带给我们的启

发，采用何种解决方案通常取决于你认为自己所处的状况如何。因此，与其死板地坚守一套固定不变的程序规范，不如构建你自己的心理工具包。通过练习我们在本书中介绍的技巧，你将拥有一系列的工具供你使用。当你能够灵活自如地使用这些工具时，无论何时何地，在你遇到困难时，它们都能把你从实现目标的困境中拯救出来。

再次强调，问题的关键不是我们要避免有停下来或退出的想法。正如我们在第 4 章中所学到的（"改变故事版本：自我对话对运动员的作用"），也是梅布·科弗雷兹基的马拉松职业生涯所提醒我们的，即使是最有经验的运动员也会有心理危机和自我怀疑的时刻。不要期望自己会消除这些内心的声音，最好的方法是重新定义一系列的方法，在每次这些声音出现时，都要做出有效的反应。

当放弃也是一种胜利时

还有一个重要的观点是：有时停下来是一种正确的选择。如果你在铁人三项的自行车赛环节撞坏了锁骨，从长远的利益得失来看，继续完成骑行比赛可能不是你的最佳选择。在体育项目中，尽管受到骨骼变形或其他严重的身体伤害的情况下仍然可以继续比赛，但这种行为并非一种勇敢的行为，也不会塑造一个人的品格，这样做是一个错误。

一些运动员如果认为继续某项任务毫无意义，他们也会退出。如在法兰西巡回赛的自行车分段赛中，掉队的骑手们如果意识到继续尝试是在浪费体力，不太可能取得分段赛的胜利，他们会减速等待他人超越。最好的选择是为下一天的比赛保存体力。

继续追求还是放弃某个目标的心路历程的影响因素有很多种。其中之一取决于在追寻目标的过程中个人感受到的意义或快乐是多还是少。英国伯明翰大学尼科·恩图曼（Nikos Ntoumanis）领导的一项研究证实了这一点。[1]

该研究共由两部分构成。在研究的第一部分，研究小组要求 66 名运动员完成 8 分钟的自行车赛。在这场比赛中，他们被告知要完成的距离目标。参与者还被要求对自己完成目标的动机强弱进行评分。这些动机各不相同，有的动机较弱，有的动机是受条件控制的（如追求完成距离目标，是因为"我觉得人们期待我这样做"），还有自觉自愿的较高水平的动机（如努力实现目标是因为"我觉得这是一种享受或者对目标提供者的一种挑战"）。

在实验期间，尽管参与者尽了最大努力来完成任务，但是他们受到了欺骗性的反馈，这让他们认为自己的目标无法实现。研究人员很想知道参与者是否会因此完全放弃他们的目标，或者在心理盘算替代目标（快速设定新目标），并继续努力。

有趣的是，研究人员发现，那些实现目标的动机更自觉主动的人，即那些享受比赛的挑战并认为它对个人有意义从而追求实现远距离目标的人，更加难以放弃最初的目标，因为他们做了更多身体上和心理上的准备。对于动机低、动机受一定条件控制的人来说则不存在这种关系。此外，动机较低的人也不会决定去追求替代目标，而那些动机较高的人更有可能在心理上重新选择替代目标，而不是彻底放弃。这与第 10 章中梅布·科弗雷兹基所描述的策略类似。当他感觉训练的难度出乎意料时，为了完成重复英里跑训练，他采用了"改变标准"的方法。

为了进一步研究重新设定目标的过程，在研究的第二部分，研究人员让另一组的 86 名参与者有机会重新设计替代目标，即当他们意识到 8 分钟的自行车骑行目标无法实现时，可改成在划船机上训练。参与者有三个选择：继续坚持徒劳的骑自行车任务；或者当他们意识到自己的目标无法实现时停止骑自行车，在 8 分钟训练的剩下时间里改在划船机上完成新目标；或者完全放弃实验。

在研究的第一部分中，那些以追逐惊险刺激为骑行动机的参与者，发现自己无论从行为上还是心理上都很难从自行车上下来。换言之，他们更有可能会坚持无意义的骑行追逐，也更有可能会不断反思自己没能实现的目标。但这些人也更容易重新调整目标，开始操作划船机，而不会彻底放弃。

这表明，我们很难放弃一个虽然我们无法实现，但是我们又觉得有趣、令人愉快、对个人来说有意义的目标。我们已经在追求实现这个目标上投入了多少努力也很重要。当研究人员深入研究数据时，他们注意到，参与者放弃目标的决定与他们认识到目标无法实现的时间有关。参与者越早意识到目标无法实现，就越容易脱离自行车骑行目标，转而用划船机上的新目标来替代。这表明了我们在追求任何苛刻的目标时所面临的重大挑战。我们不太清楚在实现目标的过程中所遇到的困难是否可以用更大的努力和毅力来克服，还是应该把它看作是目标可能会失败的潜在预警。如果是第二种情况，那么知道何时放弃追逐目标就是问题的关键。

现在举一个放弃目标是最佳选择的例子。其极端版本发生在1996 年苏黎世田径大会上。在比赛还剩最后一圈时，肯尼亚的丹尼尔·科曼（Daniel Komen）和埃塞俄比亚的海勒·格布雷塞拉西（Haile Gebrselassie）正以惊人的速度试图打破格布雷塞拉西5000米的世界纪录。格布雷塞拉西在本次比赛的两周前赢得了奥运会10000米冠军。科曼没有参加奥运会，所以体力更好。在科曼最后冲刺时，格布雷塞拉西跟不上了，他在离终点还有150米的时候减速了。

　　看上去这位历史上最伟大的长跑运动员之一的示弱有些令人费解，但实际上这是非常精明的举动。格布雷塞拉西对自己的身体非常了解，因此他知道自己无法跑赢科曼。他也知道继续向科曼发起挑战将会刺激他的对手加快步伐。科曼自己没有必要使用额外的心理工具，他以0.7秒的差距没能打破格布雷塞拉西的世界纪录。从这个意义上说，格布雷塞拉西通过放弃而"获胜"，因为世界纪录仍然是他的。

　　还有一些较长期的项目，其中不坚持到底反而是正确的选择。本书的两位作者中，只有诺埃尔一人有博士学位。在斯科特获得硕士学位后，他成为美国博士教育史上最短暂的求学者之一。他在读博士的第一学期就意识到自己没有充分的动机去完成博士培养目标，也不想再多上几年学和多花几万美元。

　　这样做，他避免了经济学家所说的沉没成本谬论。这个理论解释了人们之所以继续做某事，主要是因为已经在这件事上投入了很多时间和金钱。如果你曾经感觉不到看电影的乐趣而坚持看完电影的后半段，之所以没有离开剧院只是因为离开剧院会浪费电影票钱，你已经沦为沉没成本谬论的牺牲品。无论你是留下还是离开，你都已经买好票了，所以在决定是否留在电影院里度过剩余的时间时，票价不应该是你考虑的因素。

在斯科特的例子中，他放弃博士学位项目，减少了损失，有机会接触其他专业路径。但也有一些情况，在离开从事的工作后又重新返回是正确的选择。奥运会滑雪冠军基坎·兰德尔在 6 轮乳腺癌化疗进行到第 3 轮时，仍然信守她在诊断出癌症前的目标，那就是在那个秋天去参加纽约马拉松。"我知道我不会再跑出个人最好成绩，但是我正在接受化疗，还能去跑马拉松，这听上去将是一个很酷的故事。"她说。

但在她的第 4 轮治疗中，她身上累积的脂肪太多了。"我知道自己还是有胆量坚持去跑马拉松，但这不是最聪明的做法。"兰德尔说。她去了纽约，不是自己去跑马，而是为一个跑马的队友加油。在跑马的早上，基坎·兰德尔艰难地跑了 45 分钟，这证明不参加跑马比赛是明智的做法。第二年（2019 年），她的治疗结束后，她重返马拉松比赛，跑出了 2 小时 55 分的成绩。在她看来，这是自己在患癌症前能跑的最快速度。如果你在实现重大目标的过程中，受到严重伤害或者经常因故中断，那么基坎·兰德尔的延期策略对你也有效。

何时坚持，何时认输

你可能很难知道何时要保持专注而不是过快退缩，何时要尽快从最终徒劳的目标中撤离。显然，我们无法提供一个能够指导你的万全之策。但我们可以为你提供一个有用的心理工具，就是所谓的"决策平衡"。[2] 它常被心理医生拿来帮助人们处理在考虑取舍时的矛盾关系。[3] 在这个过程中，决策平衡可以帮助我们做出重大人生决定，包括我们是应该坚持目标、放弃尝试，还是把我们的精力投入另一个有价值的目标上。

许多人能在头脑中快速地完成决策平衡，来权衡某种状况的利弊关系。我们这样做是为了立刻快速做出决定，就像海勒·格布雷塞拉西在 1996 年苏黎世田径大赛最后一圈时决定放弃竞争一样。我们也会利用决策平衡来为长期和潜在的人生重大事件做出决定，比如基坎·兰德尔决定优先考虑她的癌症治疗，而不是她 2018 年参加纽约市马拉松的目标。虽然你可以在心里进行决策平衡，但是如果你花一些时间来写下所有的注意事项，会让你的决定能够更好地平衡各方关系，也会让你的判断更深思熟虑。

开始决策平衡前，请拿一页纸，在纸上画一个十字，分成四个象限，如图 11 - 1 所示。在第一个象限中列出你能想到的放弃的所有好处，在第二个象限中列出放弃的所有代价。例如，放弃的好处可能是有更多的时间致力于其他目标或你的生活，比如家庭。放弃的代价可能是当你放弃一个长久以来的宏伟目标时，会感到挫折或失望。无论这些好处和代价或大或小，或有关或无关，把它们都列出来。重要的是，在决策过程中充分考虑所列出的每一项内容。

放弃的好处	放弃的代价
继续前进的好处	继续前进的代价

图 11 - 1　决策平衡

在第三个象限中，列出继续前进的所有好处。在最后一个象限中，列出继续前进的所有代价。那些好处可能是当你达到目标时会有一种满足感，获得一些奖励。那些代价可能是降低你的整体健康水平和幸福感，就如基坎·兰德尔所意识到的，这会影响你追求其他目标的能力。在权衡每个行动方案的所有利弊得失后，你的决定就水到渠成了。

完成一个决策平衡可能会导致一系列不同的结果。通过进行客观的代价和好处分析，当你继续前进的代价超过好处时，就要避免对一个不太可能实现的目标穷追不舍。[4]这样做，能让你再一次明确自己对可实现目标的决心，帮助你克服困难并度过那些艰难的时刻。[5]这样做，你就能避免过早放弃，并且如果目标是能够达成的话，这会增加实现目标的可能性。

依靠应变能力

在本书中，关于运动员的应变能力着墨很多。正如我们在第 6 章中所学到的，心理上的应变能力是指尽管我们会遇到各种挑战，但是我们所具备的弹性能力能让我们继续坚持下去，以及保持工作的正常运行状态和自身获得的幸福感。心理上的应变能力并非我们天生拥有的品质，而是我们通过使用已经掌握的心理工具培养出来的能力。尽管在运动生涯和日常生活中会面临重大挑战，但我们仍能继续前进并取得巨大成功。我们所具有的心理应变能力也能让我们成为那些容易气馁的人的力量和自信的源泉（请参阅第 5 章的"学习他人来获得自信"）。

在大家近期的记忆中，没有比新冠病毒肆虐更让人觉得难以忍受的了。许多运动员都说他们通过运动所获得的心理技能，是让他们在漫长的几个月的隔离生活中生存下来的关键。本书所分享的许多心理技能，如把任务分成小块（请参阅第 1 章），关注可控的事情、接受无法控制的事件（请参阅第 3 章），随时调整目标（请参阅第 10 章），保持积极的自我对话（请参阅第 4 章）等，让那些像运动员一样思考的人们继续生活，而不是屈服于绝望。

阿尔维纳·贝盖，我们在第 9 章中聊过她。在新冠病毒肆虐时期，她借鉴了自己几十年辉煌的跑步经历来帮助自己和家人以及她所在的社区。贝盖曾两次入选奥运会马拉松选拔赛，最佳成绩是 2 小时 37 分。她居住在印第安纳瓦霍族部落，一个美国土著居留地，范围覆盖亚利桑那州东北部、犹他州东南部和新墨西哥州西北部。该地区是在美国受新冠肺炎疫情打击最严重的区域之一，感染病例很高，并有数百人死亡。

贝盖在居留地的透析中心担任营养师工作。她在新冠肺炎疫情暴发前几个月获得了护理学位（她的母亲在另一个纳瓦霍人医疗机构担任护理部主任）。她把自己的跑步运动背景和医疗教育结合起来，帮助人们在准备放弃的时候让他们振作起来。作为一位跑步名人，她会受到社交媒体的关注，贝盖说，"我有一个平台，我决心用它来传播积极的信息。"

人们面临的挑战很多。有 1/3 的纳瓦霍族人因缺乏自来水而无法定期洗手。没有自来水的人经常去家庭成员的家里洗澡、洗餐具、洗衣服，从而增加了病毒在社区传播的机会。社区里有许多人普遍患有糖尿病和肥胖症状，贝盖认为这是因为罐头食品和快餐是他们的主要食物来源。由于该社区的基础健康状况差，一旦人们感染了新冠病毒，就容易变成重症病例。

纳瓦霍人的文化习俗也对疫情期间人们的健康不利。"作为正式的问候习惯，握手是根深蒂固的。"贝盖说。大家庭通常住在一个区域，经济需要是一部分原因，而亲属关系也非常重要。"每天去看望你的姑妈和奶奶是一种常态。"贝盖说，"突然他们被告知，'待在家里，不要握手。'"

当她试图分享基本的公共卫生信息时，也会受到一些过度自信的人的阻碍。"很多人，特别是老年人，他们的态度是'我们自己经历过那么多事儿，我们的祖先也经历过很多事儿，我们会渡过这个坎儿的。'"贝盖说，"因为一些人持有这种态度，他们就不会把预防措施当作一回事儿。"

就像运动员会把一个消极的想法重新组织成自我激励的想法一样，贝盖提醒社区里的人们，他们的祖先是通过坚持文化传统中最好的生活方式，从而克服了很多困难，其中也包括跑步。

她说："我一直在回忆我从小到大的故事，我们一直被教育每天要早起并向着东方奔跑，要照顾自己的身体健康和心理感受。我们的教诲是要让我们学会坚强。当你要面对挑战时，你要先让自己做好准备。"

贝盖所传达的最重要的信息是：不要放弃。不要放弃那些已证实的可以减缓病毒传播的措施。在整个社区都遭到病毒袭击后，不要让人们在挑战面前束手就擒。在新冠病毒肆虐的早期，她父亲因中风被送到数小时路程之外的医院。

"当新冠病毒和我父亲中风的双重打击到来时，作为一名运动员，我学到的一些东西让我挺了过来，帮助了我，也帮助了我的家人。"贝盖说，"作为运动员，你已经习惯于接受打击，不管情况有多糟，你都要站起来，继续前进。我会告诉他们说，'现在的状况真的很糟糕，但我们还好，还有很多事情值得感激。爸爸今天的治疗有些进展。让我们庆祝这小小的胜利，继续向明天前进。'"

Chapter twelve

第 12 章

坚强地冲刺

如何继续推进最后一段路程

在 2015 年世界田径锦标赛中，莫莉·赫德（Molly Huddle）在 10000 米的最后一圈加速，目标只有一个：那就是尽量争取处于最佳位置，来赢得世界运动大赛的第一枚奖牌。莫莉·赫德知道在由 8 人构成的第一梯队里，她缺乏一些运动员所具有的与生俱来的原始速度。她在前几圈的领先优势微弱，她保持强劲的速度让她的竞争对手在冲刺前无法调整呼吸。既然只有最后一圈要跑了，赫德大力冲向第一个转弯。与她比拼的对手要尽力跟上赫德的步伐，而她们在最后几米被甩掉出局。

她的策略似乎奏效了。这个梯队开始分裂。埃塞俄比亚的格雷特·布尔卡（Gelete Burka）和肯尼亚的维维安·切鲁伊约特（Vivian Cheruiyot）在非终点的直道上超过了赫德，赫德处于排名第三的铜牌位置，还有半圈。布尔卡和切鲁伊约特加速时，赫德试图跟上她们的节奏。虽然她知道她可能无法跟上她们的速度，但她能与后面的队员拉开足够差距，让她们失去赶超自己的信心。进入最后的直道后，布尔卡和切鲁伊约特甩开了赫德。最终，切鲁伊约特轻松赢得了比赛。赫德继续冲刺，在第一道和第二道之间奔跑。就在离终点线一步之遥时，她举起双臂庆祝自己赢得铜牌。

但她没有获得铜牌。赫德的美国队友艾米丽·英费尔德（Emily Infeld）在上半场一直紧跟在赫德之后，她紧紧抓住第一道的内侧空隙，这是因为赫德的位置有些偏向第二道的缘故。艾米丽·英费尔德低头弯胸，在最后 20 米竟然神奇地赶上了赫德。当赫德放松下来举手臂庆祝时，英费尔德向前推动肩膀，在终点线上挤掉了赫德。英费尔德最后打败了赫德，赢得了铜牌，以 0.09 秒的差距。

我们这里讲的是赫德的故事，她是一名奥运选手，也是一位美国纪录保持者。这证明即使是最棒的人也有马失前蹄的时候。她过早地庆祝胜利的结果有些极端，但过早地庆祝却是一种常见现象。许多人会在艰难状况的最后阶段放松下来。尽管后果通常不像赫德那样戏剧化（也不会在全球广而告之），但当我们没有尽最大努力到达终点时，我们就仍然尚未获得我们能力所及的成就。

强劲有力地跑到终点

当然，有些原因可以解释为什么我们最后没有冲过那些无论是理论上还是现实中的终点线。就像莫莉·赫德在 2015 年世界田径锦标赛上一样，我们可能一时注意力不够集中。在很多时候，理由很简单，那就是把自己推向极限时会感觉很痛苦！在剧烈的运动中，如比赛或艰苦的训练中这样想"能不去做这件事当然很好"，这其实并不是一种软弱。正如我们在本书中所看到的，这和大多数成功路上的障碍一样，它也只是一个障碍，其解决方案是我们手头上要有正确的应对策略。

为了举例说明，让我们最后再回顾一下梅布·科弗雷兹基在2014 年波士顿马拉松比赛中的胜利。如果你观看了这场马拉松赛的最后 600 米，梅布·科弗雷兹基沿着博伊斯顿街一直跑到了终点，他的举动可能让你觉得他很轻松。你会看到有两个跑步者在不远处追随，而梅布·科弗雷兹基看起来并不担心。他反复挥着两个拳头向观众致意。当跑到前一年马拉松赛的 2 个炸弹爆炸地点时，他在胸口画着十字。他头脑清醒，甚至在最后几秒时把太阳镜戴在额头上，以便让最后终点冲刺的照片更清晰。

梅布·科弗雷兹基所做的那些庆祝活动，掩盖了他在跑马最后几英里的痛苦不堪。从第 8 英里开始就一路领先的梅布·科弗雷兹基，在 23 英里处回头看时，他看到了一个竞争对手。这是他在开赛几个小时内第一次看到竞争对手。梅布·科弗雷兹基知道这个简单的数学常识，那就是这个跑马选手在最后几英里的跑速比他快得多。他也知道在这种情况下，最好是作为猎人去追赶对手，而不是作为猎物被人追赶。他后面的那个跑马者是肯尼亚的威尔逊·切贝特（Wilson Chebet）。威尔逊·切贝特可以看到，随着自己迈出每一步，梅布·科弗雷兹基离自己越来越接近了。通常对于一个已经领先很久的人来说，在比赛的最后一段很少能跟上超越者的速度。

在 24 英里处，梅布·科弗雷兹基曾考虑要让威尔逊·切贝特超过他。他告诉自己，这样做可以让他恢复体力，让他可以积攒力气在马拉松赛的最后一段博伊斯顿街上超过威尔逊·切贝特。梅布·

科弗雷兹基认为这个想法有一定的道理，但很快他就把它否定了，这是因为他感到极度疲劳。他告诉自己应采取相反的方式，扩大与威尔逊·切贝特的距离，让这个猎人失去追逐的信心。

尽管如此，他还是告诉自己他处在身体上和精神上的极限状态，正如他在《26 场马拉松》（*26 Marathons*）一书中所写的那样。他左脚脚掌长年疼痛，每次左脚着地都让他很痛苦。在跑波士顿马拉松赛的前几周，他大腿后侧肌肉拉伤。因为想要与威尔逊·切贝特保持距离而跑得太用力，他的胃开始不舒服，他想要呕吐。梅布·科弗雷兹基不想让威尔逊·切贝特看到自己呕吐，免得让威尔逊·切贝特知道自己的伤势有多糟糕。他把头向后仰，硬生生地咽下了涌到嘴里的呕吐物。

然而，威尔逊·切贝特仍在逼近。在离终点还有大约 1 英里处，梅布·科弗雷兹基的领先优势降至 6 秒。他感到自己的跑步姿势不佳，而这时是他最需要高效跑步姿势的时候。他告诉他自己，"专注、专注、专注。技术、技术、技术。"

再次回头看时，梅布·科弗雷兹基发现，尽管他没有扩大领先优势，但是威尔逊·切贝特已经不再逼近了。专注于自己的步态，让他不再去想自己的疲劳，让他的跑步速度得以提升。他知道如果威尔逊·切贝特有能力超过他，现在应该已经超过他了。在这个阶段，猫捉老鼠耍着玩的游戏是没有意义的。

认识到这一点，在心理上极大地鼓舞了梅布·科弗雷兹基的士气，让他一路跑过博伊斯顿街的转弯处。当他看到欢呼的人群，想到去年爆炸案的受害者，他备受鼓舞。他在训练中反复想象跑完波士顿马拉松最后一段的场景，这是一条通往胜利和个人最好成绩的旅途，而这一切就要实现了。

如何坚持督促自己

在上一章中，我们介绍了未能成功地完成奋斗目标的主要原因：我们过早地放弃了一个仍然可以实现的目标，或者继续徒劳地追逐一个无法实现的目标。

但莫莉·赫德在 2015 年世界田径锦标赛期间的故事表明了另一个重大问题：有时我们之所以无法实现目标，因为我们撤回自己的努力太快了。这和过早放弃不一样。相反，就像赫德在那次 10000 米赛跑的最后几步一样，有时当我们感觉自己已经在取得成功的路上了，也满怀期待要获得成功时，我们会减少自己的付出，把脚从油门上移开，尝试毫不费力地回家。[1] 有时，这意味着我们做得不够好！

究其原因有很多种。第一个原因，当我们认为自己即将实现一个重要、对自己有意义的目标时，会带来积极的感受。当赫德接近终点线时，我们很容易想象她完全相信自己已经稳操胜券，并获得了一枚世界级奖牌。但正如我们在第 2 章中所学到的，就像有时不愉快的情绪会带来益处一样，愉快的情绪有时也会带来害处。

在朝着目标努力时，要把我们的感受和行为看作是一个输入/输出循环。[2] 如果我们知道自己在一个重要目标（输入）上落后了，我们可能会感到担心。我们可能会更努力地向前推进这一目标（输出）。如果目标是可以实现的，那么我们应该关注改变我们注意力的因素，增加我们的输入。梅布·科弗雷兹基在 2014 年波士顿马拉松赛最后几英里的思考，证明了他对被赶超的担心促使他变得更加专注，并决心首先跑过终点线。

反过来也是如此。如果我们知道自己在实现有意义的目标（输入）方面取得良好进展，我们往往就会感觉良好。我们可能会感到满意或高兴，这取决于我们目标的大小。但是，这些令人愉快的感觉可能意味着我们会转移注意力或减少努力（输出）。这一点尤其正确，当离目标越近、越接近终点线时，我们可能会像莫莉·赫德那样，过早地放松下来，试着不费力气地获得成功。事实上，我们的好心情常常伴随着"我做到了！我再也不需要这么努力了！"的信息。有时，这意味着我们不会最终取得成功。

第二个原因是我们已经处于强弩之末，因此当目标进展顺利并快要实现时，我们才会减少努力。大多数人在生活中都有多重目标，这些目标会争夺我们的注意力和努力。在编写本书的后期，诺埃尔减少了在家庭事务和锻炼身体等重要方面的输入。一个人根本不可能在同一时间最大限度地关注每一个问题。他会很快变得过度消耗，在每个领域都可能会失败。

对我们的进步的感觉好坏，使我们能够在不同的时间优先考虑不同的目标。这些感觉带给我们一个重要的信息，要么我们做得不错，要么我们落后进度。我们可以在做得好的领域减少力气，而在另一个需要注意力的领域投入时间和精力。这样做，我们能够同时实现多个目标，而不会过度消耗我们的资源。当然，有时我们也会陷入负担过重的陷阱。通过使用我们在第 11 章中介绍的决策平衡工具（"何时坚持，何时认输"），我们可以决定哪些领域最迫切地需要我们的关注。

荷兰蒂尔堡大学研究人员进行的一项研究表明，我们的进展是否顺利以及随之而来的感受，会影响我们对不同目标的关注度和努力程度。[3]研究人员为 82 名本科生设计了为期三周的减肥目标。除了这个主要目标，参与者还要根据自己的愿望选择在同一时间内要实现的次要目标。这些目标包括省钱、多学习、帮助他人。研究人员是在一月份进行这项研究的，以与许多人常常制定新年目标却难以坚持到底的这个典型事件相印证。

在这三周里，学生们每天会回答一些关于自身行为和减肥目标是否一致的问题，如他们的食物摄入和身体活动状况。他们还对自己为实现减肥目标和第二目标付出的努力进行评分，以判断他们对自己努力的感受是积极的还是消极的以及他们觉得自己在实现目标方面取得了多大的进步。

结果显示，当参与者感到他们还远远没有达到减肥目标但取得了良好的进展时，这些积极的情绪会让他们更加努力地追求减肥目标，并减少他们为追求第二个目标所付出的努力。换句话说，在目标奋斗过程的早期，当他们认为自己在实现这一目标的路上时，他们会优先考虑自己的首要目标。

但是，当学生们感到他们正在接近实现自己的减肥目标时，积极的情绪会让他们减少实现减肥目标的努力，并增加在次要目标上付出的努力。在这种情况下，相对于快要实现的减肥目标而言，他们把努力的重点放在增加学习时间或帮助他人完成任务上（比如体育活动），这些对他们来说属于很重要的目标。

尽管我们能够在不同的时间优先考虑不同的目标，但知道自己有时可能陷入毫不费力坐享其成的陷阱，可以让我们避免莫莉·赫德的状况，避免在实现重要的人生目标时功亏一篑。幸运的是，有些心理工具会有助于改善这种状况。

在第 1 章中，我们知道了结果目标、业绩目标和过程目标之间的不同。比如赢得世界锦标赛奖牌、实现减肥目标是结果目标。它们是我们为实现目标所采取的行动或过程的结果。同样在第 1 章中（"并非所有的目标都同等重要"），我们强调了一些过度关注结果目标的风险。最重要的是，过多地谈论最终结果可能会导致我们忽视首先需要采取哪些步骤来跨过终点线。

然而，关注过程目标或为实现某个目标所要采取的行动，可以帮助我们避免这个陷阱。通过这样做，我们可以保持专注，一步一个脚印。就如我们在第 3 章中（"关注于可控的"）了解到的，通过使用我们掌握的心理工具，包括我们付出了多少努力、专注和心理状态，我们可以控制或至少可以影响一些因素。比如，梅布·科弗雷兹基不断重复"专注、专注、专注。技巧、技巧、技巧"这句话让他保持专注，并全神贯注地沉浸在重要行动上，那就是尽可能快地跑完 2014 年波士顿马拉松赛最后 1 英里的路程（请参阅第 3 章的"全神贯注"）。设置简短的小目标（请参阅第 1 章的"任务切块"）也可以帮助你保持专注、保持努力，让你在快要完成目标时避免躺平。在快接近终点时，你可以在想象中告诉自己，"就多跑 1 英里"或者"再多走 10 步"。对于长期项目，你可能会提醒自己，"你要做的就是在这周剩下的时间里坚持下去，你就都做完了！"

作为一种最终、可控的策略，针对你在目标上取得了良好的进展，要计划如何应对它，这将让你获益（请参阅第 1 章的"如果 – 那么计划法"）。这似乎有悖常理。毕竟，如果你在一个目标上进展势头良好，为什么要制订一个计划来应对这个局面呢？但正如我们在本章中所强调的，对我们的进步感到满意可能会带来意想不到的负面后果。当你处于躺平状态时，你可能会错过目标。你可以计划使用"如果 – 那么"规划工具，也可以使用我们前面提到的任何心理工具，这取决于你认为哪些工具最适合你。

即使对你的工作进展感觉良好，你也要制订计划、重点关注过程、保持努力的强度，这是确保成功实现目标的重要步骤。比如，通过你的感受或自我说话的方式让你意识到自己在躺平，并以富有成效的方式做出回应，你就可以养成一个持续专注和努力的习惯，从而让你最终挺过终点线（请参阅第 1 章的"把它变成一种习惯"）。

终点也是新的起点

在你实现目标或完成项目后，首先要做的就是庆祝成功。花点时间庆祝自己的成就，对那些帮助你实现目标的人们表达感谢并心怀感恩，沉浸在那些为了刚完成的目标而不得不放置一旁的令你快乐的领域。要在你生活中的其他重要领域投入时间，如照顾自己、家人和朋友，这些是你在追求目标过程中忽略的事情。

一旦此刻的情绪消失，也许就在两三天后，就要再利用一下运动员的天才智慧了。要像那些赢得冠军头衔的运动员们那样，利用你刚刚的经历为将来的成功做好准备。

建立你对自己能够完成未来任务的信心，这个过程很重要（请参阅第 5 章的"我们以前的成就"）。这样做，可以返回到我们在前言中介绍的优势规划，你可以在附录 1 中找到它。加入你刚接触到的同样关键的心理素质，并评估你当前在这些品质上的能力。

我们希望你能注意到的是，每次你的评分都会比第一次评分高。理想情况下，这些新的评分会让你更加接近你最初为自己设定的目标评分。请记住：你新提高的思维技能是可以转移的。现在你可以把它们用在实现类似的目标上，或者完全不同的新目标上。这些品质是你不可分割的一部分。无论你接下来关注什么，这些工具都将为你所用。

我们也希望你学到了本书中最有价值的一点：通过学习如何像运动员一样思考，你现在知道了我们所研究的心理素质是具有可塑性的。它们都不是一成不变的。你可以培养诸如自驱力、情绪调节、专注、应变和自信等能力。虽然有些能力比另一些能力更容易培养，但是通过运用正确的思维工具，你可以改善每一种能力。持续这个过程将帮助你在人生的重大事件中获得成功，度过充实的一生。

附录 1

我的优势档案

优势规划是运动心理学家在接受运动员早期咨询时使用的一种工具。[1]它是一个价值连城的自我发现的练习，有助于运动员反思要在运动项目中取得成功，自己需要具备哪些素质。[2]

诺埃尔在运动员和他的学生身上都使用了这种工具。对于运动员，诺埃尔要求他们不仅要反思心理品质，而且还要反思身体素质、技术技能、战术意识和生活方式（如睡眠和营养）等。反思这些品质有助于运动员提高自我意识，决定他们需要培养哪些品质，制定改进的目标和指标。[3]

对于他的学生们，诺埃尔让他们完成一份与他们学习的某些方面相关的问卷。就像运动员要反思完成某项运动项目所需的素质一样，诺埃尔的学生们也要反思自己在比如学业考试中需要具备的素质，以建立一份相应档案。对任何人来说，这都是一个有趣的练习，能让人们更清楚地认识到自己的优势和各个领域需要改进之处。

规划工具有很多不同的版本。在这个附录里，我们列出了四个关键步骤，它们是每一个版本的核心。[4]

第一步，明确关键心理品质

为了建立运动员的优势档案，一开始，诺埃尔让运动员反思在运动领域里获得成功所需的关键品质。然后，诺埃尔让他们列出这些品质，旨在识别大约 20 种关键品质。这是你的出发点，对你来说这是一份重要的心理品质清单。当运动员列出品质清单时，通常会包括 4 ~ 5 个心理素质，以及身体状况、技术技能、战术意识、生活方式等。不要担心你列出的心理品质比 20 个少得多。把它们写在一页纸的左边，以为其他栏目留出空间。

对于运动员来说，完整的品质清单将包括心理素质、身体状况、战术意识、技术技能。所以，如果你的品质清单少于 20 项，完全不必担心。

这不是一个匆忙完成的过程。在第一个步骤中，诺埃尔通常会和运动员一起花 20 ~ 30 分钟进行反思和总结，尽可能多地列出他们能够想到的品质。

为了培养关键品质，诺埃尔提示运动员去反思那些在他们的运动项目中表现出色的运动员的品质。诺埃尔还可能要求运动员回忆他们表现最佳的比赛。诺埃尔会问一些问题，比如：当你表现最好时，你展示了哪些品质？当时你的想法是什么？你感觉怎么样？

在这一点上，不要太担心你用什么词汇来命名每个素质或品质。只要你知道这意味着什么、这与你有关，这才是重要的。

我们在附表 1 - 1 中抛砖引玉地列出了五种心理品质。这些都是成功的奥运会运动员所具备的一些重要的心理品质。[5]在这些品质之外，还要能够管理我们的情绪，该放松时放松，该自信时自信，在日常生活中也应如此。

附表 1-1　五种常见的心理品质（1）

心理品质	我现在的评级	我的目标评级	我如何改进
动机			
放松的能力			
专注度			
情绪管理			
自信			

第二步，你现在的评级

在认识到对自己来说重要的品质之后，接下来就要对现在你所具有的每一个品质进行评级，从 1（很差）到 10（你可能拥有的最好品质）。这就是你当前的评级。

对每一个品质进行评级，有助于你识别自己的优势（评级较高）和需要培养的素质（评级较低）。把这些评级写下来很重要，如果做到一个柱状图里也不错。这样做能让你直观地看出自己的优势，也更容易让你知道哪些品质有待提高。

下面，我们会在示例中的每一个心理品质上加上评级，如附表 1-2 所示。在这份档案中，你会看到如动机和专注度等品质为优势。

附表 1-2　五种常见的心理品质（2）

心理品质	我现在的评级	我的目标评级	我如何改进
动机	9		
放松的能力	2		
专注度	8		
情绪管理	6		
自信	4		

对自己的优势和劣势具有清楚的了解，这点很重要。意识到你的品质优势对你的心理健康具有重要影响，可以改善你的感受，提高你对生活的满意度。[6]此外，了解自己的优势，意味着你更可能在各种生活环境中使用它们，并朝着你的目标前进。

第三步，你的目标评级

与认识到自己的优势同样让你受益的是知道你需要提高哪些品质，并设定目标来提高自己。这是建立优势档案的第三步。在这一步中，你将进行第二次评级，从 1 到 10 表示你希望在每种品质上达到的评级。这就是你的目标评级。我们已经在附表 1-3 中填好了这部分内容。

附表 1-3　五种常见的心理品质（3）

心理品质	我现在的评级	我的目标评级	我如何改进
动机	9	9	
放松的能力	2	4	
专注度	8	8	
情绪管理	6	6	
自信	4	7	

当然，我们都希望能够达到满级 10，但这不太现实。相反，运动员们会注重改善他们一些较弱的品质。你可以通过比较当前评级与目标评级之间的差异，来确定最需要培养哪些品质。在附表 1-3 中，放松的能力的差异是 2，而自信的差异是 3。

一旦你知道了要培养哪些品质，最好设置一个提高这些素质的时间表。比如，建立自信是你在下个月要完成的任务。在这个短暂的时间表里，你可能要稍微提高一下你的品质，比如在 1～10 的评级区间中提高 1 或 2。在这么短的时间内，这种小幅提高更具有现实可行性。

第四步，你如何改进

最终的步骤是要考虑如何提高那些你确定要提高的品质。在示例中，我们的目标可以是采取行动来建立自信或在我们需要的时候能够更好地放松。我们在附表 1-4 中列出了一些建议。

附表 1-4　五种常见的心理品质（4）

心理品质	我现在的评级	我的目标评级	我如何改进
动机	9	9	
放松的能力	2	4	通过学习和锻炼身体让我放松
专注度	8	8	
情绪管理	6	6	
自信	4	7	学习并使用一个心理工具来建立自信心

这就是本书的心理策略和技巧的用武之地。第 1 章将帮助你设定适当的目标，学习心理策略和使用它们的技巧。管理情绪，掌握能够放松的技巧，请参阅第 2 章。同样，你可以学习建立更加稳定和强健的自信的方法，请参阅第 5 章。

一个渐进式肌肉放松脚本示例

渐进式肌肉放松是一种通过让每一块肌肉缓慢地以先紧张再放松的方式来减轻你的疲劳和焦虑的练习。这个练习可以让你立即放松下来，坚持练习，每次大约 20 分钟。当练习过渐进式肌肉放松之后，你会更容易察觉自己的紧张。而当你紧张时，你可以知道如何放松。

在这项练习中，每一块肌肉都应该绷紧，但是不要达到让肌肉受损的程度。如果有任何受伤或疼痛感，你可以跳过这个受伤的区域。要特别注意每一块肌肉释放的紧张感觉以及由此感到的放松。

让我们开始吧！

以舒适的姿势坐下或躺下。如果你觉得舒服的话，闭上眼睛。首先，深吸气，注意体会空气充满肺部的感觉。屏住呼吸几秒钟。

（停顿 5 秒钟）

慢慢地呼气，让紧张的感觉离开你的身体。

再做一次，深吸气并屏住呼吸。

（停顿 5 秒钟）

再次，慢慢地呼气。这次要再慢一点。

再深吸气，让空气充盈你的肺部，然后屏住呼吸。

（停顿 5 秒钟）

慢慢地呼气，想象紧张的感觉正在离开你的身体。

现在，把你的注意力转移到你的手上。双手一起紧紧握拳，尽可能地用力，然后放松，呼气。

（停顿 5 秒钟）

再次，两手用力握拳，感受双手和上半身的紧张，然后放松，呼气。

（停顿 5 秒钟）

现在向上举起上臂，弯曲肘部，感受上臂的紧张。

（停顿 5 秒钟）

放松，呼气，让双手放下。

再次重复这个动作，弯曲你的肘部，然后深深吸气。感受紧张……

（停顿 5 秒钟）

双手放松并放下，同时呼气。

（停顿 5 秒钟）

最后，在你面前伸直双臂，感受上臂后部的紧张。吸气，屏住呼吸。

（停顿 5 秒钟）

放松，呼气。

缓慢呼吸 1 分钟左右，注意双手和上臂的放松。不断缓慢地告诉你自己，"我感觉平静，我感觉放松，我感觉沉重和温暖。"

（停顿 1 分钟）

现在要把注意力移到你的肩膀上。再一次，当你吸气时，向耳朵耸肩。保持姿势几秒钟……

（停顿 5 秒钟）

放松，呼气。在这样做时，请注意你肩膀紧张和放松时的不同之处。再重复一次。

（停顿 5 秒钟）

再做几次深呼吸，注意手、手臂、肩膀和上背部的放松。

（停顿 1 分钟）

现在我们要把注意力转移至你的脸。从你的双眼开始。用力紧闭双眼，感受面部和眼睛四周肌肉的紧张。

（停顿 5 秒钟）

放松，呼气。再重复一遍。

（停顿 5 秒钟）

放松，再次呼吸。现在把注意力转移至你的额头。抬起眉毛，深深吸气，感觉你前额的紧张。

（停顿 5 秒钟）

放松，呼气。当你放松时，注意你的呼吸变得平静和放松了。

（停顿 5 秒钟）

现在稍微用力地紧闭你的下巴。咬紧牙关，吸气时感觉下巴的紧张。

（停顿 5 秒钟）

放松，当你呼气时，让你的下巴放松。

现在我们将注意力转移至你的下背部。再次，深呼吸，拱起背部，感受紧张。

（停顿 5 秒钟）

放松，缓慢呼气。再重复一遍，感觉背部的紧张，然后慢慢地呼气，放松你的背部。

现在，在下一分钟，做一些缓慢的深呼吸。每次呼气时，注意感受你的背部、肩膀、脸部、手臂、一直到指尖的放松感。慢慢地对自己重复这样的话，"我感觉平静，我感觉放松，我感觉沉重和温暖。"注意感受全身的放松。

（停顿 1 分钟）

现在只关注你的呼吸。深吸气，当你的肺部充满空气时，注意腹部的紧张感。

（停顿 5 秒钟）

放松，再次呼气。再重复一次。

（停顿 5 秒钟）

现在把注意力转移至你的下半身。尽力伸直双腿，在吸气时感受大腿的紧张感。

（停顿 5 秒钟）

放松，呼气。再重复一遍，同时伸直双腿，在你吸气时，感受大腿的紧张感。

（停顿 5 秒钟）

放松，呼气。

现在把注意力转移至你的腿后侧。如果你坐着，把你的脚跟用力蹬向地板。如果你躺着，注意让你的脚跟尽力向远处伸展。再一次，当你吸气时，感受这部分的紧张感。

（停顿 5 秒钟）

放松，呼气。再重复一遍，感觉腿部的紧张感。

（停顿5秒钟）

放松，呼气。

（停顿5秒钟）

最后，注意把脚趾向上拉向小腿。在吸气时感觉这部分的紧张感。

（停顿5秒钟）

放松，呼气。

下一步，注意把脚趾向远方伸直。再一次，在吸气时感受这部分的紧张感。

（停顿5秒钟）

放松，呼气。

最后，集中精力卷曲你的脚趾，让你感到脚底的紧张感。再一次，在这样做时吸气，然后感受一下这部分的紧张感。

（停顿5秒钟）

放松，呼气。重复最后一次。

（停顿5秒钟）

放松，呼气。

在最后几分钟，再做几次深呼吸。每次吸气和呼气时，要注意感觉全身的放松：脸、肩膀、胳膊、手、背部、大腿，一直到脚趾。持续几分钟，享受那种放松的感觉。

（停顿较长时间）

最后，当你准备好的时候，最后一次伸展你的双臂和双腿，然后慢慢地睁开眼睛。

注　释

·········· 前言 ✑ ··········

1. Christiane Trottier and Sophie Robitaille, "Fostering Life Skills Development in High School and Community Sport: A Comparative Analysis of the Coach's Role," *Sport Psychologist* 28, no. 1 (March 2014): 10 – 21.

2. Nicholas L. Holt et al., "A Grounded Theory of Positive Youth Development Through Sport Based on Results from a Qualitative Meta-Study," *International Review of Sport and Exercise Psychology* 10, no. 1 (January 2017): 1 – 49.

3. Aleksandar E. Chinkov and Nicholas L. Holt, "Implicit Transfer of Life Skills Through Participation in Brazilian Jiu-Jitsu," *Journal of Applied Sport Psychology* 28, no. 2(2016): 139 – 153.

4. Girls on the Run, accessed January 6, 2021, girlsontherun. org.

5. Maureen R. Weiss et al., "Evaluating Girls on the Run in Promoting Positive Youth Development: Group Comparisons on Life Skills Transfer and Social Processes," *Pediatric Exercise Science* 32, no. 3 (July 2020): 1 – 11.

6. Maureen R. Weiss et al., "Girls on the Run: Impact of a Physical Activity Youth Development Program on Psychosocial and Behavioral Outcomes," *Pediatric Exercise Science* 31, no. 3 (August 2019): 330 – 340.

7. Ahead of the Game, accessed January 6, 2021, aheadofthegame. org. au.

8. Stewart A. Vella et al., "Ahead of the Game Protocol: A Multi-Component, Community Sport-Based Program Targeting Prevention, Promotion and Early Intervention for Mental Health Among Adolescent Males," *BMC Public Health* 18, no. 1 (March 2018): 390.

9. Stewart A. Vella et al., "An Intervention for Mental Health Literacy and

Resilience in Organized Sports," *Medicine and Science in Sports and Exercise* 53, no. 1 (January 2021): 139 – 149.

10. "Projects," The SPRINT Project, accessed January 6, 2021 sprintproject. org/ projects.

11. Benjamin Parry, Mary Quinton, and Jennifer Cumming, *Mental Skills Training Toolkit: A Resource for Strengths-Based Development* (Birmingham, UK: University of Birmingham, 2020), stbasils. org. uk/wp-content/uploads/2020/ 01/MST-toolkit-final. pdf.

12. Sam J. Cooley et al. , "The Experiences of Homeless Youth When Using Strengths Profiling to Identify Their Character Strengths," *Frontiers in Psychology* 10 (2019): 2036.

第 1 章

1. Bernd Heinrich, *Why We Run: A Natural History* (New York: HarperCollins, 2001), 177.

2. Kieran M. Kingston and Lew Hardy, "Effects of Different Types of Goals on Processes That Support Performance," *Sport Psychologist* 11, no. 3 (September 1997): 277 – 293.

3. Gerard H Seijts, Gary P. Latham, and Meredith Woodwark, "Learning Goals: A Qualitative and Quantitative Review," in *New Developments in Goal Setting and Task Performance*, ed. Edwin A. Locke and Gary P. Latham (New York: Routledge, 2013), 195 – 212.

4. "Interview with Rory McIlroy-Setting Goals and Maintaining Motivation," Santander UK, video, 5:27, February 7, 2014, youtube. com/watch? v = breTsCJbui8.

5. Noel Brick, Tadhg MacIntyre, and Mark Campbell, "Metacognitive Processes in the Self-Regulation of Performance in Elite Endurance Runners," *Psychology of Sport and Exercise* 19 (July 2015): 1 – 9.

6. L. Blaine Kyllo and Daniel M. Landers, "Goal Setting in Sport and Exercise: A Research Synthesis to Resolve the Controversy," *Journal of Sport and Exercise*

Psychology 17, no. 2 (1995): 117 –137.

7. Jennifer Stock and Daniel Cervone, "Proximal Goal-Setting and Self-Regulatory Processes," *Cognitive Therapy and Research* 14, no. 5 (October 1990): 483 –498.

8. Ayelet Fishbach, Ravi Dhar, and Ying Zhang, "Subgoals as Substitutes or Complements: The Role of Goal Accessibility," *Journal of Personality and Social Psychology* 91, no. 2 (September 2006), 232 –242.

9. "Player Numbers," World Rugby, January 1, 2017, accessed June 1, 2020, world. rugby/development/player-numbers? lang = en.

10. Richie McCaw, *The Real McCaw: The Autobiography* (London: Aurum Press, 2012), 13.

11. Greg Stutchbury, "G. A. B. McCaw Goes Out on Top of the Heap," Reuters, November 18, 2015, reuters. com/article/uk-rugby-union-mccaw-newsmaker/ g-a-b-mccaw-goes-out-on-top-of-the-heap-idUKKCN0T805H20151119.

12. Robert Weinberg et al. , "Perceived Goal Setting Practices of Olympic Athletes: An Exploratory Investigation," *Sport Psychologist* 14, no. 3 (September 2000): 279 –295.

13. Laura Healy, Alison Tincknell-Smith, and Nikos Ntoumanis, "Goal Setting in Sport and Performance," in *Oxford Research Encyclopedia of Psychology* (Oxford: Oxford University Press, 2018), 1 –23.

14. Christian Swann et al. , "Comparing the Effects of Goal Types in a Walking Session with Healthy Adults: Preliminary Evidence for Open Goals in Physical Activity," *Psychology of Sport and Exercise* 47 (March 2020): 1 –10.

15. Rebecca M. Hawkins et al. , "The Effects of Goal Types on Psychological Outcomes in Active and Insufficiently Active Adults in a Walking Task: Further Evidence for Open Goals," *Psychology of Sport and Exercise* 48 (May 2020): 101 –661.

16. Paschal Sheeran and Thomas L. Webb, "The Intention-Behavior Gap," *Social and Personality Psychology Compass* 10, no. 9 (September 2016): 503 –518.

17. Peter M. Gollwitzer, "Implementation Intentions: Strong Effects of Simple Plans," *American Psychologist* 54, no. 7 (July 1999): 493 –503.

18. Patrick Mahomes, "NFL Draft Cover Letter," *Players' Tribune*, April 27,

2017，theplayerstribune. com/en-us/articles/patrick-mahomes-ii-texas-tech-nfl-draft-cover-letter.

19. Anja Achtziger，Peter M. Gollwitzer，and Paschal Sheeran，"Implementation Intentions and Shielding Goal Striving from Unwanted Thoughts and Feelings，" *Personality and Social Psychology Bulletin* 34，no. 3（March 2008）：381 – 393.

20. Bob Bowman with Charles Butler，*The Golden Rules：Finding World-Class Excellence in Your Life and Work*（London：Piatkus，2016），188.

21. Peter M. Gollwitzer and Paschal Sheeran，"Implementation Intentions and Goal Achievement：A Meta-Analysis of Effects and Processes，" *Advances in Experimental Social Psychology* 38，no. 6（December 2006）：69 – 119.

22. Charles Duhigg，*The Power of Habit：Why We Do What We Do in Life and Business*（New York：Random House，2012），114.

23. Phillippa Lally and Benjamin Gardner，"Promoting Habit Formation，" *Health Psychology Review* 7，supplement 1（May 2013）：S137 – S158.

24. Benjamin Gardner，Phillippa Lally，and Amanda L. Rebar，"Does Habit Weaken the Relationship Between Intention and Behaviour? Revisiting the Habit-Intention Interaction Hypothesis，" *Social and Personality Psychology Compass* 14，no. 8（August 2020）：e12553.

25. David T. Neal et al. ，"How Do Habits Guide Behavior? Perceived and Actual Triggers of Habits in Daily Life，" *Journal of Experimental Social Psychology* 48，no. 2（March 2012）：492 – 498.

26. Jeffrey M. Quinn et al. ，"Can't Control Yourself? Monitor Those Bad Habits，" *Personality and Social Psychology Bulletin* 36，no. 4（April 2010）：499 – 511.

27. Phillippa Lally et al. ，"How Are Habits Formed：Modelling Habit Formation in the Real World，" *European Journal of Social Psychology* 40，no. 6（October 2010）：998 – 1009.

第 2 章

1. All Blacks Match Centre，accessed June 1，2020，stats. allblacks. com.

2. Chris Rattue，"France Pose Absolutely No Threat to the All Blacks，" *New*

Zealand Herald, October 2, 2007, nzherald. co. nz/sport/ichris-rattuei-france-pose-absolutelyno-threat-to-the-all-blacks/CVUXP4NLMHI6DINQRKFVHMUH-6U.

3. Christopher Mesagno and Denise M. Hill, "Definition of Choking in Sport: Reconceptualization and Debate," *International Journal of Sport Psychology* 44, no. 4 (July 2013): 267 – 277.

4. Ceri Evans, *Perform Under Pressure: Change the Way You Feel, Think and Act Under Pressure* (London: Thorsons, 2019).

5. Julie K. Norem and Edward C. Chang, "The Positive Psychology of Negative Thinking," *Journal of Clinical Psychology* 58, no. 9 (September 2002): 993 – 1101.

6. James A. Russell, "A Circumplex Model of Affect," *Journal of Personality and Social Psychology* 39, no. 6 (December 1980):1161 – 1178.

7. Jonathan Posner, James A. Russell, and Bradley S. Peterson, "The Circumplex Model of Affect: An Integrative Approach to Affective Neuroscience, Cognitive Development, and Psychopathology," *Development and Psychopathology* 17, no. 3 (summer 2005): 715 – 734.

8. Scott Douglas, *Running Is My Therapy: Relieve Stress and Anxiety, Fight Depression, Ditch Bad Habits, and Live Happier* (New York: The Experiment, 2018).

9. Jared B. Torre and Matthew D. Lieberman, "Putting Feelings into Words: Affect Labeling as Implicit Emotion Regulation," *Emotion Review* 10, no. 2 (March 2018): 116 – 124.

10. Brian Parkinson and Peter Totterdell, "Classifying Affect-Regulation Strategies," *Cognition and Emotion* 13, no. 3 (1999): 277 – 303.

11. Damian M. Stanley et al. , "Emotion Regulation Strategies Used in the Hour Before Running," *International Journal of Sport and Exercise Psychology* 10, no. 3 (April 2012): 159 – 171.

12. Adam A. Augustine and Scott H. Hemenover, "On the Relative Effectiveness of Affect Regulation Strategies: A Meta-analysis," *Cognition and Emotion* 23, no. 6 (July 2009):1181 – 1220.

13. Christopher R. D. Wagstaff, "Emotion Regulation and Sport Performance," *Journal of Sport and Exercise Psychology* 36, no. 4 (August 2014): 401 –412.

14. Dorota Kobylińska and Petko Kusev, "Flexible Emotion Regulation: How Situational Demands and Individual Differences Influence the Effectiveness of Regulatory Strategies," *Frontiers in Psychology* 10 (2019): 72.

15. Kevin N. Ochsner and James J. Gross, "Cognitive Emotion Regulation: Insights from Social Cognitive and Affective Neuroscience," *Current Directions in Psychological Science* 17, no. 2 (April 2008): 153 –158.

16. Faye F. Didymus and David Fletcher, "Effects of a Cognitive-Behavioral Intervention on Field Hockey Players' Appraisals of Organizational Stressors," *Psychology of Sport and Exercise* 30 (May 2017): 173 –185.

17. James J. Gross and Ross A. Thompson, "Emotion Regulation Conceptual Foundations," in *Handbook of Emotion Regulation*, ed. James J. Gross (New York: Guilford Press, 2007), 3 –24.

18. Owen Thomas, Ian Maynard, and Sheldon Hanton, "Intervening with Athletes During the Time Leading Up to Competition: Theory to Practice II," *Journal of Applied Sport Psychology* 19, no. 4 (October 2007): 398 –418.

19. Brian Costello, "How Stephen Gostkowski Handles His Super Bowl Nerves," *New York Post*, January 31, 2019, nypost. com/2019/01/31/how-stephen-gostkowski-handles-his-super-bowl-nerves/#.

20. Alison Wood Brooks, "Get Excited: Reappraising Pre-performance Anxiety as Excitement," *Journal of Experimental Psychology: General* 143 no. 3 (June 2014):1144 –1158.

21. Philip M. Ullrich and Susan K. Lutgendorf, "Journaling About Stressful Events: Effects of Cognitive Processing and Emotional Expression," *Annals of Behavioral Medicine* 24, no. 3 (summer 2002): 244 –250.

22. Golnaz Tabibnia, "An Affective Neuroscience Model of Boosting Resilience in Adults," *Neuroscience and Biobehavioral Reviews* 115 (August 2020): 321 –350.

23. Scott H. Hemenover, "The Good, the Bad, and the Healthy: Impacts of Emotional Disclosure of Trauma on Resilient Self-Concept and Psychological

Distress," *Personality and Social Psychology Bulletin* 29, no. 10 (October 2003):1236 – 1244.

24. Venus Williams and Serena Williams with Hilary Beard, *Venus and Serena: Serving from the Hip* (Boston: Houghton Mifflin, 2005), 114.

25. Howard Fendrich, "'To Everybody, It's My 1st Olympics,but to Me, It's My 1,000th': Journals Help Shiffrin Prep," *U. S. News and World Report*, February 17, 2014, 'usnews. com/news/sports/articles/2014/02/17/us-teen-shiffrins-notes-helped-prep-for-olympics.

26. Paulo S. Boggio et al. , "Writing About Gratitude Increases Emotion-Regulation Efficacy," *Journal of Positive Psychology* 15, no. 6 (August 2019): 783 – 794.

27. Kristine Thomason, "Olympic Sprinter Allyson Felix Shares Her Go-To Core Workout and How She Stays Motivated,"*Mind Body Green*, November 26, 2020, mindbodygreen. com/articles/olympic-sprinter-allyson-felix-training-routine.

28. Helene Elliott, "She's Been Tested, and Allyson Felix Is Confident, 'Still Hungry' and 'Very Secure in Who I Am,'" *Los Angeles Times*, March 9, 2020, latimes. com/sports/story/2020-03-09/allyson-felix-track-field-olympics-usc.

29. Sarah Kate McGowan and Evelyn Behar, "A Preliminary Investigation of Stimulus Control Training for Worry: Effects on Anxiety and Insomnia," *Behavior Modification* 37, no. 1 (January 2013): 90 – 112.

30. Jen Nash, "Stress and Diabetes: The Use of 'Worry Time' as a Way of Managing Stress," *Journal of Diabetes Nursing* 18 ,no. 8 (2014): 329 – 333.

31. Karen Haddad and Patsy Tremayne, "The Effects of Centering on the Free-Throw Shooting Performance of Young Athletes," *Sport Psychologist* 23, no. 1 (March 2009): 118 – 136.

32. Lisa J. Rogerson and Dennis W. Hrycaiko, "Enhancing Competitive Performance of Ice Hockey Goaltenders Using Centering and Self-Talk," *Journal of Applied Sport Psychology* 14 no. 1 (March 2002): 14 – 26.

33. Maureen R. Weiss et al. , "Evaluating Girls on the Run in Promoting Positive Youth Development: Group Comparisons on Life Skills Transfer and Social Processes," *Pediatric Exercise Science* 32, no. 3 (August 2020): 172 – 182.

34. Laura A. Pawlow and Gary E. Jones, "The Impact of Abbreviated Progressive

Muscle Relaxation on Salivary Cortisol," *Biological Psychology* 60 no. 1 (July 2002): 1 – 16.

35. Martha S. McCallie, Claire M. Blum, and Charlaine J. Hood, "Progressive Muscle Relaxation," *Journal of Human Behavior in the Social Environment* 13, no. 3 (July 2006): 51 – 66.

36. Richie McCaw, *The Real McCaw: The Autobiography* (London: Aurum Press, 2012), 181 – 182.

第3章

1. Noel Brick, Tadhg MacIntyre, and Mark Campbell, "Metacognitive Processes in the Self – Regulation of Performance in Elite Endurance Runners," *Psychology of Sport and Exercise* 19 (July 2015): 1 – 9.

2. William P. Morgan and Michael L. Pollock, "Psychologic Characterization of the Elite Distance Runner," *Annals of the New York Academy of Sciences* 301 (1977): 382 – 403.

3. Noel Brick, Tadhg MacIntyre, and Mark Campbell, "Attentional Focus in Endurance Activity: New Paradigms and Future Directions," *International Review of Sport and Exercise Psychology* 7, no. 1 (2014): 106 – 134.

4. Noel Brick et al., "Metacognitive Processes and Attentional Focus in Recreational Endurance Runners," *International Journal of Sport and Exercise Psychology* 18, no. 3 (September 2020): 362 – 379.

5. Peter Aspinall et al., "The Urban Brain: Analysing Outdoor Physical Activity with Mobile EEG," *British Journal of Sports Medicine* 49, no. 4 (February 2015): 272 – 276.

6. Gregory N. Bratman et al., "Nature Reduces Rumination and Subgenual Prefrontal Cortex Activation," *Proceedings of the National Academy of Sciences* 112, no. 28 (July 2015): 8567 – 8572.

7. Tadhg E. MacIntyre et al., "An Exploratory Study of Extreme Sport Athletes' Nature Interactions: From Well-Being to Pro-environmental Behavior," *Frontiers in Psychology* 10 (2019): 1233.

8. Rick A. LaCaille, Kevin S. Masters, and Edward M. Heath, "Effects of Cognitive Strategy and Exercise Setting on Running Performance, Perceived Exertion, Affect, and Satisfaction," *Psychology of Sport and Exercise* 5, no. 4 (October 2004): 461 – 476.

9. Charles M. Farmer, Keli A. Braitman, and Adrian K. Lund, "Cell Phone Use While Driving and Attributable Crash Risk," *Traffic Injury Prevention* 11, no. 5 (October 2010):466 – 470.

10. Cédric Galéra' et al., "Mind Wandering and Driving: Responsibility Case-Control Study," *British Medical Journal* 345, no. 7888 (December 2012): e8105.

11. David Kane, "'I'm on Cloud 9'—Andreescu Opens Up on Sky-High Confidence, Conquering Doubts with US Open Crown," *WTA Tour*, September 8, 2019, wtatennis. com/news/1445478/im-on-cloud-9-andreescu-opens-up-on-sky-high-confidenceconquering-doubts-with-us-open-crown.

12. Frank L. Gardner and Zella E. Moore, "A Mindfulness-Acceptance-Commitment-Based Approach to Athletic Performance Enhancement: Theoretical Considerations," *Behavior Therapy* 35, no. 4 (autumn 2004):707 – 723.

13. Emilie Thienot and Danielle Adams, "Mindfulness in Endurance Performance," in *Endurance Performance in Sport: Psychological Theory and Interventions*, ed. Carla Meijen (London: Routledge, 2019), 168 – 182.

14. Stephanie Livaudais, "'The First Thing I Do Is Meditate': Bianca Andreescu Visualizes Indian Wells Success," March 14, 2019, wtatennis. com/news/1449622/-first-thing-i-do-meditate-bianca-andreescu-visualizes-indian-wells-success.

15. Lori Haase et al., "A Pilot Study Investigating Changes in Neural Processing After Mindfulness Training in Elite Athletes," *Frontiers in Behavioral Neuroscience* 9 (August 2015): 229.

16. Douglas C. Johnson et al., "Modifying Resilience Mechanisms in At-Risk Individuals: A Controlled Study of Mindfulness Training in Marines Preparing for Deployment," *American Journal of Psychiatry* 171, no. 8 (August 2014): 844 – 853.

17. Michael Noetel et al. , "Mindfulness and Acceptance Approaches to Sporting Performance Enhancement: A Systematic Review," *International Review of Sport and Exercise Psychology* 12, no. 1 (2019): 139 – 175.

18. Stuart Cathcart, Matt McGregor, and Emma Groundwater, "Mindfulness and Flow in Elite Athletes," *Journal of Clinical Sport Psychology* 8, no. 2 (January 2014): 119 – 141.

19. Cian Ahearne, Aidan P. Moran, and Chris Lonsdale, "The Effect of Mindfulness Training on Athletes' Flow: An Initial Investigation," *Sport Psychologist* 25, no. 2 (June 2011): 177 – 189.

20. "Kobe Bryant Explains 'Being in the Zone,'" You Exist Externally Here, video, 2:38, August 19, 2013, youtube. com/watch? v = wl49zc8g3DY.

21. Mihaly Csikszentmihalyi, *Flow: The Psychology of Optimal Experience*, 2nd ed. (New York: Harper & Row, 2002), 72 – 93.

22. Jeanne Nakamura and Mihaly Csikszentmihalyi, "The Concept of Flow," in *Handbook of Positive Psychology*, ed. C. R. Snyder and Shane J. Lopez (New York: Oxford University Press, 2002), 89 – 105.

23. Christian Swann et al. , "Psychological States Underlying Excellent Performance in Professional Golfers: 'Letting It Happen' vs. 'Making It Happen,'" *Psychology of Sport and Exercise* 23 (March 2016): 101 – 113.

24. Christian Swann et al. , "Psychological States Underlying Excellent Performance in Sport: Toward an Integrated Model of Flow and Clutch States," *Journal of Applied Sport Psychology* 29, no. 4 (2017): 375 – 401.

25. Josephine Perry, *Performing Under Pressure: Psychological Strategies for Sporting Success* (London: Routledge, 2020),135 – 137.

26. Martin Turner and Jamie Barker, *Tipping the Balance: The Mental Skills Handbook for Athletes* (Oakamoor, England: Bennion Kearny, 2014), 101 – 140.

27. Marc V. Jones et al. , "A Theory of Challenge and Threat States in Athletes," *International Review of Sport and Exercise Psychology* 2, no. 2 (2009): 161 – 180.

28. Aidan P. Moran, *The Psychology of Concentration in Sport Performers: A Cognitive Analysis* (East Sussex, England:Psychology Press, 1996), 149.

29. Stewart Cotterill, "Pre-performance Routines in Sport:Current Understanding

and Future Directions," *International Review of Sport and Exercise Psychology* 3, no. 2 (2010): 132 – 153.

30. Glasgow Caledonian University, "Elite Golfers Share Secrets of Success to Help Budding Sports Stars," March 24, 2020, gcu. ac. uk/theuniversity/universitynews/2020-elitegolferssharesecretsofsuccess/.

31. Alex Oliver, Paul J. McCarthy, and Lindsey Burns, "A Grounded – Theory Study of Meta-attention in Golfers," *Sport Psychologist* 34, no. 1 (March 2020): 11 – 22.

32. Dave Alred, *The Pressure Principle: Handle Stress, Harness Energy, and Perform When It Counts* (London: Penguin Life, 2017), 66 – 67.

33. Jackie MacMullan, "Rise Above It or Drown: How Elite NBA Athletes Handle Pressure," ESPN, May 29, 2019, espn. co. uk/nba/story/_/id/26802987/rise-drown-how-elite-nba-athletes-handle-pressure.

第 4 章

1. Chloe Gray, "Dina Asher-Smith Just Gave Us an Amazing Lesson on How to Be Better Than Ever," accessed July 9, 2020, stylist. co. uk/people/dina-asher-smith-nike-interview-training-plan/350606.

2. Noel Brick et al. , "Metacognitive Processes and Attentional Focus in Recreational Endurance Runners," *International Journal of Sport and Exercise Psychology* 18, no. 3 (September 2020): 362 – 379.

3. Kalina Christoff, Alan Gordon, and Rachelle Smith, "The Role of Spontaneous Thought in Human Cognition," in *Neuroscience of Decision Making*, ed. Oshin Vartanian and David R. Mandel (New York: Psychological Press, 2011), 259 – 284.

4. "Sports Players Use Self Talk," ThinkSRSD, video, 6:24, September 26, 2017, youtube. com/watch? v = -BKWlMBleYQ.

5. Anthony William Blanchfield et al. , "Talking Yourself out of Exhaustion: The Effects of Self-Talk on Endurance Performance," *Medicine and Science in Sports and Exercise* 46, no. 5 (May 2014): 998 – 1007.

6. Julia Schüler and Thomas A. Langens, "Psychological Crisis in a Marathon and the Buffering Effects of Self-Verbalizations," *Journal of Applied Social Psychology* 37, no. 10 (October 2007): 2319 – 2344.

7. Antonis Hatzigeorgiadis et al., "Self-Talk and Sport Performance: A Meta-analysis," *Perspectives on Psychological Science* 6, no. 4 (July 2011): 348 – 356.

8. David Tod, James Hardy, and Emily Oliver, "Effects of Self-Talk: A Systematic Review," *Journal of Sport and Exercise Psychology* 33, no. 5 (October 2011): 666 – 687.

9. Judy L. Van Raalte, Andrew Vincent, and Britton W. Brewer, "Self-Talk: Review and Sport-Specific Model," *Psychology of Sport and Exercise* 22 (January 2016): 139 – 148.

10. Christopher E. J. DeWolfe, David Scott, and Kenneth A. Seaman, "Embrace the Challenge: Acknowledging a Challenge Following Negative Self-Talk Improves Performance," *Journal of Applied Sport Psychology* (August 2020): doi.org/10.1080/10413200.2020.1795951.

11. "Tommy Haas Talking to Himself," CarstenL01, video, 2:35, December 30, 2008, youtube.com/watch? v = 8gQ2NhteF44.

12. James Hardy, Aled V. Thomas, and Anthony W. Blanchfield, "To Me, to You: How You Say Things Matters for Endurance Performance," *Journal of Sports Sciences* 37, no. 18 (September 2019): 2122 – 2130.

13. Thomas L. Webb, Eleanor Miles, and Paschal Sheeran, "Dealing with Feeling: A Meta-analysis of the Effectiveness of Strategies Derived from the Process Model of Emotion Regulation," *Psychological Bulletin* 138, no. 4 (July 2012): 775 – 808.

14. E. Kross and O. Ayduk, "Self-Distancing: Theory, Research, and Current Directions," in *Advances in Experimental Social Psychology*, ed. James M. Olson, vol. 55 (New York: Elsevier, 2017): 81 – 136.

15. Ethan Kross et al., "Self-Talk as a Regulatory Mechanism: How You Do It Matters," *Journal of Personality and Social Psychology* 106, no. 2 (February 2014): 304 – 324.

16. Jon Greenberg, "Exiting via the Low Road," ESPN, July 9, 2010, espn.com/

chicago/nba/columns/story? id = 5365985.

17. Antonis Hatzigeorgiadis et al. , "Self-Talk," in *Routledge Companion to Sport and Exercise Psychology*: *Global Perspectives and Fundamental Concepts*, ed. Athanasios G. Papaioannou and Dieter Hackfort (London: Taylor and Francis, 2014), 370 – 383.

18. Alister McCormick and Antonis Hatzigeorgiadis, "Self-Talk and Endurance Performance," in *Endurance Performance in Sport*: *Psychological Theory and Interventions*, ed. Carla Meijen (London: Routledge, 2019) ,152 – 167.

19. Richard Bennett and Martin Turner, "The Theory and Practice of Rational Emotive Behavior Therapy (REBT),"in *Rational Emotive Behavior Therapy in Sport and Exercise*, ed. Martin Turner and Richard Bennett (London: Routledge, 2020), 4 – 19.

第 5 章

1. Robin S. Vealey, "Confidence in Sport," in *Handbook of Sports Medicine and Science*: *Sport Psychology*, ed. Britton W. Brewer (Oxford: Wiley-Blackwell, 2009), 43 – 52.

2. "'I'm Aware of the Streak, but It Means Nothing,' Says Novak Djokovic Ahead of Dubai Test," *Tennishead*, February 24, 2020, tennishead. net/im-aware-of-the-streak-but-it-means-nothing-says-novak-djokovic-ahead-of-dubai-test/.

3. Albert Bandura, *Social Foundations of Thought and Action*: *A Social Cognitive Theory* (Englewood Cliffs, New Jersey:Prentice Hall, 1986).

4. Albert Bandura, "Self-Efficacy: Toward a Unifying Theory of Behavioral Change," *sychological Review*, 84, no. 2 (1977):191 – 215.

5. Deborah L. Feltz and Cathy D. Lirgg, "Self-Efficacy Beliefs of Athletes, Teams, and Coaches," in *Handbook of Sport Psychology*, 2nd ed. , ed. Robert N. Singer, Heather A. Hausenblas, and Christopher M. Janelle (New York: John Wiley & Sons, 2001), 340 – 361.

6. Ellen L. Usher and Frank Pajares, "Sources of Self-Efficacy in School: Critical Review of the Literature and Future Directions," *Review of Educational Research*

78, no. 4 (December 2008): 751 – 796.

7. James E. Maddux, "Self-Efficacy Theory: An Introduction," in *Self-Efficacy, Adaptation, and Adjustment: Theory, Research, and Application*, ed. James E. Maddux (New York: Plenum, 1995),3 – 33.

8. Simon Middlemas and Chris Harwood, "A Pre-Match Video Self-Modeling Intervention in Elite Youth Football," *Journal of Applied Sport Psychology* 32, no. 5 (2020): 450 – 475.

9. Robert S. Vealey et al., "Sources of Sport-Confidence: Conceptualization and Instrument Development," *Journal of Sport and Exercise Psychology* 21, no. 1 (1998): 54 – 80.

10. Kate Hays et al., "Sources and Types of Confidence Identified by World Class Sport Performers," *Journal of Applied Sport Psychology* 19, no. 4 (2007): 434 – 456.

11. Kieran Kingston, Andrew Lane, and Owen Thomas, "A Temporal Examination of Elite Performers Sources of Sport-Confidence," *Sport Psychologist* 24, no. 3 (2010): 313 – 332.

12. "Jack Nicklaus Quotes," BrainyQuote, accessed July 10, 2020, brainyquote. com/quotes/jack_nicklaus_159073.

13. Josephine Perry, *Performing Under Pressure: Psychological Strategies for Sporting Success* (London: Routledge, 2020), 179 – 180.

14. Krista Munroe-Chandler, Craig Hall, and Graham Fishburne, "Playing with Confidence: The Relationship Between Imagery Use and Self-Confidence and Self-Efficacy in Youth Soccer Players," *Journal of Sports Sciences* 26, no. 14 (December 2008): 1539 – 1546.

15. Karen Price, "How Diver Katrina Young and Team USA Athletes Are Still Going In to Practice—Without Actually Going to Practice," *Team USA*, May 20, 2020, teamusa. org/News/2020/May/20/Diver-Katrina-Young-Team-USA-Athletes-Going-In-To-Practice-Without-Going-To-Practice.

16. Greg Bishop, "How Deontay Wilder Uses Meditation to Visualize His Fights Before They Happen," *Sports Illustrated*, November 21, 2019, si. com/boxing/2019/11/21/deonaty-wilder-luis-ortiz-meditation.

第 6 章

1. Sharon R. Sears, Annette L. Stanton, and Sharon Danoff-Burg, "The Yellow Brick Road and the Emerald City: Benefit Finding, Positive Reappraisal Coping and Posttraumatic Growth in Women with Early-Stage Breast Cancer," *Health Psychology* 22, no. 5 (September 2003): 487 – 497.

2. Scott Cresswell and Ken Hodge, "Coping with Stress in Elite Sport: A Qualitative Analysis of Elite Surf Lifesaving Athletes," *New Zealand Journal of Sports Medicine* 29, no. 4 (Summer 2001): 78 – 83.

3. Anne-Josée Guimond, Hans Ivers and Josée Savard, "Is Emotion Regulation Associated With Cancer-Related Psychological Symptoms," *Psychology & Health*, 24 no. 1 (January 2019): 44 – 63.

4. Sam J. Cooley et al., "The Experiences of Homeless Youth When Using Strengths Profiling to Identify Their Character Strengths," *Frontiers in Psychology* 10 (September 2019): 2036.

5. Sunghee Park, David Lavallee, and David Tod, "Athletes' Career Transition Out of Sport: A Systematic Review," *International Review of Sport and Exercise Psychology* 6, no. 1 (2013): 22 – 53.

6. Natalia Stambulova, "Counseling Athletes in Career Transitions: The Five-Step Career Planning Strategy," *Journal of Sport Psychology in Action* 1, no. 2 (2010): 95 – 105.

7. David Fletcher and Mustafa Sarkar, "Psychological Resilience: A Review and Critique of Definitions, Concepts, and Theory," *European Psychologist* 18, no. 1 (2013): 12 – 23.

8. David Fletcher and Mustafa Sarkar, "Mental Fortitude Training: An Evidence-Based Approach to Developing Psychological Resilience for Sustained Success," *Journal of Sport Psychology in Action* 7, no. 3 (2016): 135 – 157.

9. Christopher Bryan, Deirdre O'Shea, and Tadhg MacIntyre, "Stressing the Relevance of Resilience: A Systematic Review of Resilience Across the Domains of Sport and Work," *International Review of Sport and Exercise Psychology* 12,

no. 1 （July 2019）: 70 – 111.

10. David Fletcher and Mustafa Sarkar, "A Grounded Theory of Psychological Resilience in Olympic Champions," *Psychology of Sport and Exercise* 13, no. 5 （September 2012）: 669 – 678.

11. Patrick Fletcher, "Peter Sagan: I Missed My Opportunity at World Championships," *Cycling News*, September 29, 2019, cyclingnews. com/news/ peter-sagan-i-missed-my-opportunity-at-world-championships/.

12. Jesse Harriott and Joseph R. Ferrari, "Prevalence of Procrastination Among Samples of Adults," *Psychological Reports* 78, no. 2 （April 1996）: 611 – 616.

13. Jay L. Zagorsky, "Why Most of Us Procrastinate in Filing Our Taxes—and Why It Doesn't Make Any Sense," *Conversation*, April 13, 2015, theconversation. com/why-most-of-us-procrastinate-in-filing-our-taxes-and-why-it-doesnt-make-any-sense-39766.

14. Thor Gamst-Klaussen, Piers Steel, and Frode Svartdal, "Procrastination and Personal Finances: Exploring the Roles of Planning and Financial Self-Efficacy," *Frontiers in Psychology* 10 （April 2019）: 775.

15. Piers Steel, "The Nature of Procrastination: A Meta-analytic and Theoretical Review of Quintessential Self-Regulatory Failure," *Psychological Bulletin* 133, no. 1 （January 2007）: 65 – 94.

16. Craig Pickering, "The Mundanity of Excellence," HMMR Media, September 4, 2020, http://hmmrmedia. com/2020/09/the-mundanity-of-excellence/.

17. Daniel F. Chambliss, "The Mundanity of Excellence: An Ethnographic Report on Stratification and Olympic Swimmers," *Sociological Theory* 7, no. 1 （Spring 1989）: 70 – 86.

第 7 章

1. Graham D. Bodie, "A Racing Heart, Rattling Knees, and Ruminative Thoughts: Defining, Explaining, and Treating Public Speaking Anxiety," *Communication Education* 59, no. 1 （January 2010）: 70 – 105.

2. Ewa Mörtberg et al., "Psychometric Properties of the Personal Report of Public

Speaking Anxiety（PRPSA）in a Sample of University Students in Sweden," *International Journal of Cognitive Therapy* 11, no. 4（December 2018）: 421–433.

3. Marc Jones et al., "A Theory of Challenge and Threat States in Athletes," *International Review of Sport and Exercise Psychology* 2, no. 2（September 2019）: 161–180.

4. Andrew J. Elliot and Holly A. McGregor, "A 2 × 2 Achievement Goal Framework," *Journal of Personality and Social Psychology* 80, no. 3（March 2001）: 501–519.

5. Bodie, "A Racing Heart, Rattling Knees, and Ruminative Thoughts," *Communication Education.*

第 8 章

1. YouGov, *New Year Survey: Fieldwork Dates*: 8th-11th December 2017, 2017, http://d25d2506sfb94s. cloudfront. net/cumulus_uploads/document/366cvmcg44/New%20 Year%20Survey,%20December%208%2011,%202017. pdf.

2. Kelsey Mulvey, "80% of New Year's Resolutions Fail by February—Here's How to Keep Yours," *Business Insider*, January 3, 2017, businessinsider. com/new-years-resolutions-courses-2016–12.

3. Sandro Sperandei, Marcelo C. Vieira, and Arianne C. Reis, "Adherence to Physical Activity in an Unsupervised Setting: Explanatory Variables for High Attrition Rates Among Fitness Center Members," *Journal of Science and Medicine in Sport* 19, no. 11（November 2016）: 916–920.

4. "Day in the Life: Simone Biles," *Owaves*, September 15, 2016, owaves. com/day-plans/day-life-simone-biles/.

5. Ralf Brand and Panteleimon Ekkekakis, "Affective-Reflective Theory of Physical Inactivity and Exercise," *German Journal of Exercise and Sport Research* 48, no. 6（November 2018）: 48–58.

6. Steven C. Hayes et al., "Acceptance and Commitment Therapy: Model, Processes and Outcomes," *Behaviour Research and Therapy* 44, no. 1（January

2016）：1 – 25.

7. Alex Feary，"Case Study—Acceptance Commitment Therapy for a Youth Athlete：From Rumination and Guilt to Meaning and Purpose," *Sport and Exercise Psychology Review* 14，no. 1（September 2018）：73 – 86.

8. Marleen Gillebaart and Denise T. D. de Ridder，"Effortless Self-Control：A Novel Perspective on Response Conflict Strategies in Trait Self-Control," *Social and Personality Psychology Compass* 9，no. 2（February 2015）：88 – 99.

9. Wanda Wendel-Vos et al. ，"Potential Environmental Determinants of Physical Activity in Adults：A Systematic Review," *Obesity Reviews* 8，no. 5（September 2007）：425 – 440.

10. Lisa Pridgeon and Sarah Grogan，"Understanding Exercise Adherence and Dropout：An Interpretative Phenomenological Analysis of Men and Women's Accounts of Gym Attendance and Non-attendance," *Qualitative Research in Sport，Exercise and Health* 4，no. 3（2012）：382 – 399.

第 9 章

1. D. A. Baden et al. ，"Effect of Anticipation During Unknown or Unexpected Exercise Duration on Rating of Perceived Exertion，Affect，and Physiological Function," *British Journal of Sports Medicine* 39，no. 10（October 2005）：742 – 746.

2. Noel E. Brick et al. ，"Anticipated Task Difficulty Provokes Pace Conservation and Slower Running Performance," *Medicine and Science in Sports and Exercise* 51，no. 4（April 2019）：734 – 743.

3. David Fletcher and Mustafa Sarkar，"Mental Fortitude Training：An Evidence-Based Approach to Developing Psychological Resilience for Sustained Success," *Journal of Sport Psychology in Action* 7，no. 3（2016）：135 – 157.

第 10 章

1. Meb Keflezighi with Scott Douglas，*Meb for Mortals：How to Run，Think，and Eat Like a Champion Marathoner*（New York：Rodale，2015），47.

2. Edward L. Deci and Richard M. Ryan, "*Self-Determination Theory*," in Handbook of Theories of Social Psychology, ed. Paul A. M. Van Lange, Arie W. Kruglanski, and E. Tory Higgins (London: Sage Publications, 2011), 416 – 436.

3. Kevin Filo, Daniel C. Funk, and Danny O'Brien, "Examining Motivation for Charity Sport Event Participation: A Comparison of Recreation-Based and Charity-Based Motives," *Journal of Leisure Research* 43, no. 4 (December 2011): 491 – 518.

第 11 章

1. Nikos Ntoumanis et al., "Self-Regulatory Responses to Unattainable Goals: The Role of Goal Motives," *Self and Identity* 13, no. 5 (September 2014): 594 – 612.

2. James O. Prochaska et al., "Stages of Change and Decisional Balance for 12 Problem Behaviors," *Health Psychology* 13, no. 1 (January 1994): 39 – 46.

3. William R. Miller and Gary S. Rose "Motivational Interviewing and Decisional Balance: Contrasting Responses to Client Ambivalence," *Behavioural and Cognitive Psychotherapy* 43, no. 2 (March 2015): 129 – 141.

4. Paschal Sheeran and Thomas L. Webb, "The Intention-Behavior Gap," *Social and Personality Psychology Compass* 10, no. 9 (September 2016): 503 – 518.

5. Gergana Y. Nenkov and Peter M. Gollwitzer, "Pre-Versus Postdecisional Deliberation and Goal Commitment: The Positive Effects of Defensiveness," *Journal of Experimental Social Psychology* 48, no. 1 (January 2012): 106 – 121.

第 12 章

1. Paschal Sheeran and Thomas L. Webb, "The Intention-Behavior Gap," *Social and Personality Psychology Compass* 10, no. 9 (September 2016): 503 – 518.

2. Charles S. Carver, "Pleasure as a Sign You Can Attend to Something Else: Placing Positive Feelings within a General Model of Affect," *Cognition and Emotion* 17, no. 2 (2003): 241 – 261.

3. Carver, "Pleasure as a Sign You Can Attend to Something Else," *Cognition and Emotion*.

:::::::::::::::::::::::::::::: **附录 1** ::::::::::::::::::::::::::::::

1. Richard J. Butler and Lew Hardy, "The Performance Profile: Theory and Application," *Sport Psychologist* 6, no. 3 (September 1992): 253 – 264.

2. Neil Weston, Iain Greenlees, and Richard Thelwell, "A Review of Butler and Hardy's (1992) Performance Profiling Procedure Within Sport," *International Review of Sport and Exercise Psychology* 6, no. 1 (January 2013): 1 – 21.

3. Neil J. V. Weston, Iain A. Greenlees, and Richard C. Thelwell, "Athlete Perceptions of the Impacts of Performance Profiling," *International Journal of Sport and Exercise Psychology* 9, no. 2 (June 2011): 173 – 188.

4. Graham Jones, "The Role of Performance Profiling in Cognitive Behavioral Interventions in Sport," *Sport Psychologist* 7, no. 2 (June 1993): 160 – 172.

5. Daniel Gould and Ian Maynard, "Psychological Preparation for the Olympic Games," *Journal of Sports Sciences* 27, no. 13 (September 2009): 1393 – 1408.

6. Nicola S. Schutte and John M. Malouff, "The Impact of Signature Strengths Interventions: A Meta-analysis," *Journal of Happiness Studies* 20, no. 4 (April 2019): 1179 – 1196.

致　谢

本书作者诺埃尔·布瑞克和斯科特·道格拉斯在此向以下各位表达谢意：

感谢尼古拉斯·齐泽克（Nicholas Cizek）以及每一位实验参与者，他们对本书理念的夯实做出了卓越贡献。

感谢所有自愿参加我们研究项目的运动员们，以及就心理策略和技巧问题接受我们采访的所有运动员们。特别要感谢阿尔维纳·贝盖、史蒂夫·霍尔曼、梅布·科弗雷兹基、莉莲·凯·彼得森、基坎·兰德尔以及布莱恩娜·斯塔布斯。

诺埃尔还要感谢他的家人何莉·布瑞克（Holly Brick），以及本书的合著者斯科特·道格拉斯。感谢斯科特的冷静和指导，我们共同度过了一段充满挑战但又令人愉快的旅程。诺埃尔还要感谢阿尔斯特大学在本书写作期间给予他的支持，让他有时间专注于撰写本书。

斯科特还要感谢斯泰西·克拉姆（Stacey Cramp），布莱恩·戴立克（Brian Dalek）和本书的合著者诺埃尔·布瑞克。感谢诺埃尔的耐心和支持，在写作本书的同时，也尝试亲自践行本书中的所有策略。